采油污水处理及实例分析

靳 辛 编著

中国石化出版社

内 容 提 要

本书介绍了国内外采油污水外排处理技术,分析了国内油田采油污水处理工程,重点阐述了粉煤灰在处理采油污水中的成功应用。

本书适合于油气田企业生产管理和技术人员阅读。

图书在版编目(CIP)数据

采油污水处理及实例分析 / 靳辛编著 . —北京:中国石化出版社,2012.4
ISBN 978 - 7 - 5114 - 1484 - 7

Ⅰ.①采… Ⅱ.①靳… Ⅲ.①石油开采 – 污水处理
Ⅳ.①X741.03

中国版本图书馆 CIP 数据核字(2012)第 059556 号

中国石化出版社出版发行

地址:北京市东城区安定门外大街 58 号
邮编:100011   电话:(010)84271850
读者服务部电话:(010)84289974
http://www.sinopec-press.com
E-mail:press@ sinopec.com
北京科信印刷有限公司印刷
全国各地新华书店经销

*

700 × 1000 毫米 16 开本 8.5 印张 157 千字
2012 年 4 月第 1 版   2012 年 4 月第 1 次印刷
定价:32.00 元

前　言

我国油田分布广阔，遍及东北、西北、华北、中原、西南、华中以及中南沿海各地。全国各油田基本都采用注水开发方式，随着开发时间的延长，采出液含水率不断上升，目前，我国大部分油田已经进入石油开采的中后期，采出液的含水量为70%～80%，有的油田甚至已高达90%以上。采油污水外排量也越来越大，采油污水的达标排放问题已成为制约油田可持续发展的因素之一。2007年国家鼓励发展的环境保护技术目录中也把"采油污水处理技术"纳入其中，鼓励建立以生化工艺为主，以定向转化方法和过程调控技术、絮凝去除难降解COD为技术关键，建立低成本、高效率的采油污水集成处理技术系统。现在采油污水的外排处理一般采用物化和生化相结合的方法进行，但是处理成本较高，一定程度上影响了污水处理工艺的应用。如何经济而有效地去除外排采油污水中的污染物是油田迫切需要解决的问题。

本书介绍了采油污水生化处理技术、预处理技术进展情况、国内外部分油田采油污水达标处理工艺。系统阐述了粉煤灰处理采油污水的动力学原理、机理，展示了大量的实验数据，并对国内率先利用粉煤灰处理采油污水的成功实例进行了分析。

全书共分为五章。在编写过程中参考了许多文献资料，师祥洪、龙风乐、王志强、陈彦孝给予了大力指导并提供了现场应用实例资料，在此也向各位文献作者和关心支持编写的领导和同志们一并表示衷心的感谢。

由于编者水平有限，缺点和错误在所难免，敬请读者批评指正。

目 录

第一章

绪　论

与其他工业污水相比，采油污水具有水温较高（30～60℃）、氯离子浓度高（3000～20000mg/L）、总盐量高（5000～32000mg/L）、可生化性差（BOD_5/COD 大多小于0.25）、污染严重（石油类、COD等多项指标超标严重）、微生物生长环境恶劣、设备腐蚀结垢严重等特点。对该类污水的治理，一直是国内外研究的重点和难点问题之一，国内外很多科研院所和水处理公司投入了大量人力、物力进行研究。出现了一系列油田采油污水处理的技术。目前处于研究阶段或已经投入工程化应用的采油污水处理工艺中，主要可以归结为以下几大类：物理处理技术、化学处理技术、物理化学处理技术以及生化处理技术等。但由于采油污水的复杂性，很多处理技术因为处理成本过高、操作复杂等因素而无法在生产实际中得到广泛应用。2007年国家将"采油污水处理技术"纳入鼓励发展的环境保护技术目录中，要求建立低成本、高效率的采油污水集成处理技术系统。

目前，我国大部分油田已经进入石油开采的中后期，采出液的含水量为70%～80%，有的油田甚至已高达90%以上。二次采油和三次采油方式已成为主要的采油方式，由于受地层压力等诸因素限制，都不同程度地出现采油污水剩余，采油污水外排量逐年增加。虽然近几年油田企业采用了众多的采油污水处理技术，但由于在开采过程中投加了缓蚀剂、阻垢剂、清蜡剂、排泡剂等各种化学药剂，加之三次采油方式采用了注聚开采等手段，使得采油污水中含有大量的聚合物，这些都大幅度增加了后续水处理的难度，使预处理技术尚存在运行成本高和运行管理复杂的问题。

从环保形势上来看，国家对环境保护工作力度的加大，各地的污染物排放总量也在逐年下降。为了适应新的环保要求，许多地市相继出台了严于国家标准的地方法律法规和排放标准。因此，采油污水的处理必须积极探讨采用工程投资少、处理成本低、运行稳定、操作管理方便、抗冲击能力强的新工艺和新技术。

第二章
国内外采油污水外排处理技术

多年以来，国内外众多企事业、高校、科研院所等对采油污水的外排工艺开展了大量的研究工作。在国外采油污水的达标处理方面，美国的三水公司、生态环境公司、ITS 公司、HGL 公司、GIL 公司和加拿大的瑞威环境保护中心、荷兰的 DHV 公司等先后投入了大量精力对油田采油污水治理进行研究，并取得了一定的成果。国内采油污水的研究工作也如火如荼，得到了不同水质采油污水的处理工艺和参数，在这一领域已经走在了世界的前列。

在采油污水处理工艺中，其中以氧化塘、生物接触氧化等生化工艺为主，隔油、气浮等物化工艺为辅的采油污水处理工艺已经在胜利、大庆、冀东、大港、河南等油气田得到了成功应用，实现了采油污水达到当地所适用的国家和地方的环保标准排放。

目前处于研究阶段或已经投入工程化应用的采油污水处理工艺中，主要可以归结为以下几大类：物理处理技术、化学处理技术、物理化学处理技术以及生化处理技术等。

第一节　物理处理技术

一、重力分离技术

重力分离技术利用油、水密度差和油、水不相容性进行油水分离。包括自然除油法、斜板除油法、机械分离技术、水力旋流法。该技术除去采出水中的浮油、分散油和油－湿固体，效果稳定、运行费用低，且管理方便，但设备占地面积大。

二、粗粒化技术

粗粒化即采油污水通过装有粗粒化材料的装置，在润湿聚结、碰撞聚结、截留、附着作用下油珠由小变大的过程。粗粒化材料有亲油性材料、亲水性材料、亲油性和疏油性纤维的复合材料以及石英砂、煤粒等无机材料。该法用于处理分散油、乳化油，设备小，操作简单，但滤料易堵塞，有表面活性剂时，效果较差。

三、过滤技术

一般作为采油污水的二级处理或深度处理，除去水中分散油和乳化油。常见的颗粒介质过滤技术有多层滤料过滤技术、双向过滤技术、移动床过滤技术等。该技术出水水质好、设备投资小，操作方便，但反冲洗操作要求高。

以上三种技术均属于联合站内油田采出水预处理技术，这些处理技术好坏将直接决定着后续处理的难易及处理效果。

四、膜分离技术

近20年来，国内外都进行了膜分离技术处理油田含油污水的研究，并取得了一些成绩。目前，用于油田含油污水处理的膜分离技术主要有微滤和超滤，它们的作用主要是截留污水中的微米级悬浮固体、乳化油和溶解油。

经研究发现，膜分离技术与传统的分离技术相比，具有设备简单，操作方便，分离效率高和节能等优点，是油田含油污水处理技术的重点发展方向之一。但由于含油污水成分复杂，影响因素较多，再加上理论基础不足，所以利用膜分离技术处理油田含油污水的研究目前仍停留在试验研究阶段，还没有投入大规模的工业应用。

膜分离技术处理含油污水的特点：不加药剂，是一种纯物理分离，不产生污泥，对原水油分浓度的变化适应性强，需要压力循环污水，进水需严格预处理，膜需定期杀菌清洗。简单的除油机理是乳化油基于油滴尺寸大于膜孔径被膜阻止，而溶解油则是基于膜和溶质的分子间的相互作用，膜的亲水性越强，阻止游离油透过的能力越强，水通量越高。含油污水中油的存在状态是选择膜的首要依据，若水体中的油是因有表面活性剂的存在使油滴乳化成稳定的乳化油和溶解油，油珠之间难以相互黏结，则须采用亲水或亲油的超滤膜分离，为此超滤膜孔径远小于 $10\mu m$，而且超细的膜孔有利于破乳或有利于油滴聚结。纳滤（NF）和反渗透（RO）则适合于有机物的去除和脱盐。据报道，美国在1997年进行了以反渗透单元为核心的采油污水深度处理工艺中试。采油污水经核桃壳过滤、澄清、生物滤池、压滤、离子交换、反渗透处理。主要污染物石油类、TDS、TOC、硬度分别由原来的 20mg/L、6000mg/L、120mg/L 和 1~5mg/L 降到 <0.1mg/L、145mg/L、2mg/L 和 <1mg/L（以 $CaCO_3$ 计），出水可用于锅炉给水、农业灌溉和饮用水。膜过滤技术是采油污水有效的深度处理技术，但成本高和膜清洗问题限制了其工业化应用。

在国内，膜分离技术处理油田含油污水的研究主要是试验研究，还没有大规模工业应用的相关报道。李发永等采用自制的外压管式聚砜超滤膜处理胜利油田东辛采油厂预处理过的污水，研究表明：超滤膜能有效去除含油污水中的石油类、机械杂质及腐生菌，截留率均大于97%，处理后水质的含油量、悬浮固体含量和腐生菌个数均达到了 SY/T 5329—1994 中规定的 A1 标准。王生春等用聚丙烯中空纤维微滤膜处理油田含油污水，中型试验研究表明：在不考虑细菌影响的前提下，处理后的水悬浮固体≤1mg/L，悬浮固体颗粒粒径≤1μm，油质量浓度≤1mg/L，能满足低渗透、特低渗透油层注水的要求，但膜易污染，清洗周期较短。王怀林等分别采用南京化工大学和美国 Filter 公司生产的陶瓷微滤膜对江苏油田真二站三相分离器出水进行了试验研究，处理后的水油质量浓度<4mg/L，悬浮固体含量<3mg/L，探讨了不同温度、压差、膜面流速、孔径等参数对过滤特性的影响，并针对膜处理中最为关键的清洗问题，设计了脉冲及预处理工艺，有效地延长了过滤周期。樊栓狮等采用自制膜分离器研究了自制陶瓷膜的乳化油分离特性，考察了膜内外压差、料液流速和料液浓度等因素对乳化油渗透通量和膜截留率的影响。结果表明，陶瓷膜具有较佳的分离效率，截留率达95%以上。李发永等用自制的磺化聚砜超滤膜进行了油田含油污水处理试验研究，研究发现：在相同的条件下，磺化后的聚砜膜的通量比聚砜膜的通量高，截留率相当。这表明在满足含油污水处理效果的前提下，要提高膜通量最好选择亲水性的膜。张裕卿等用自制的聚砜/Al_2O_3 复合膜超滤处理含油污水，滤后水中油质量浓度<0.5mg/L，油的截留率皆在99%以上，且复合膜清洗后水通量恢复率较高。郭晓等在用管式磺化聚砜超滤膜处理辽河油田曙光采油厂低渗油层处理站的含油污水时发现：经超滤膜处理过的水质中含油量、悬浮固体浓度用7230G分光光度计已检不出，颗粒直径≤0.45μm，满足低渗油层回注水质相关标准，但也存在膜通量低、膜易污染等问题。

国外，膜分离技术处理油田含油污水的研究也主要是试验研究。A. S. Chen 等用 $0.2 \sim 0.8\mu m$ 陶瓷膜处理油田采出水时发现经过适当预处理，可使油质量分数由 $(27 \sim 583) \times 10^{-6}$ 降低到 5×10^{-6} 以下，悬浮固体由 $(73 \sim 350) \times 10^{-6}$ 降低到 1×10^{-6} 以下，通过反冲和快速冲洗，膜通量能在较长时间内达到 $3000L/(m^2 \cdot h)$。K. M. Simms 等用聚合物超滤膜处理加拿大西部稠油污水，悬浮物由 $150 \sim 2290mg/L$ 降低到 $1mg/L$ 以下，油由 $125 \sim 1640mg/L$ 降低到 $20mg/L$ 以下。H. H. Hyun 等用自制的 Al_2O_3 和 ZrO_2 复合膜对油质量浓度为 $600 \sim 11000mg/L$ 的乳化液进行油水分离，油的去除率接近100%。

膜分离技术处理油田含油污水，结果可以达到油田回注水及外排水的各种特殊要求，应用前景广阔。但是，该技术还有相当的不足之处，例如：①膜易污染，清洗再生工作困难；②膜通量较低且衰减较快，不能满足大规模工程应用需要；③对不同性质含油污水的处理是否保持同样的效果及处理工艺的经济性还需作进一步确认。

第二节　化学处理技术

化学处理技术是借助混凝剂对胶体粒子的静电中和、吸附、架桥等作用使胶体粒子脱稳，发生絮凝沉降等作用除去污水中的悬浮物和可溶性污染物质。常见的方法有混凝沉降法、混凝浮选法、分级混凝处理法、二次混凝处理法、稀释处理法、Fenton 氧化絮凝法、中和混凝处理法以及酸碱处理法。

一、化学絮凝法

化学絮凝法是采油污水处理工艺中研究较多的方法之一，在生化工艺处理采油污水的前期，大部分工艺都采用了化学絮凝后通过沉降或气浮除去大部分污染物，并达到生化进水的条件。陶丽英等采用自制的兼具破乳和絮凝功能的化学药剂——净水灵处理辽河油田采油污水，处理效果见表 2 - 2 - 1。

表 2 - 2 - 1　处理效果表

序　号	进水/（mg/L）		出水/（mg/L）		石油类 去除率/%	COD$_{Cr}$ 去除率/%
	石油类	COD$_{Cr}$	石油类	COD$_{Cr}$		
1	350	1680	9	255	97.43	86.61
2	350	1050	4	150	98.86	85.71
3	350	1300	7	170	98.00	86.92
4	350	1850	11	255	96.86	86.22

处理效果表明，采用净水灵处理辽河油田采油污水，COD$_{Cr}$、石油类的去除率高而且稳定，去除率分别可达85%和96%以上。

二、氧化絮凝法

国内对药剂及其工艺方面的研究也很多，采用预氧化加复合絮凝剂处理高温石油污水，分别将过氧化氢、高锰酸钾、二氧化氯、过硫酸胺和Fenton试剂五种氧化剂与复合絮凝剂PCM同时使用处理石油污水，氧化剂采取先投加预氧化和同时投加的处理方法。试验结果表明，采用高锰酸钾和二氧化氯预氧化加PCM的处理工艺可以明显改进污水的处理效果。同时也发现污水的pH值和温度对处理效果有一定的影响，其中影响最大的是水温。降低水温有利于提高除油和悬浮物的效果。当被处理污水的水温为65℃甚至更高时，采用预氧化加PCM是去除水中油尤其是高分散度细微悬浮物的有效方法。实际上，从处理工艺和流程的角度考虑，在处理过程中降低水温是困难的，因此预氧化加 PCM 是一种经济可行、操作简便的处理技术。

谢加才等针对稠油污水黏度大、油水密度差小、乳化严重、水温高、水质水量变化大的特点，认为高效净水药剂的研制和开发是稠油污水处理的基础和关键。试验结果表明：当净水剂 TJ - 1 投加量为 75 ~ 100mg/L，絮凝剂 P - 3 投加量为 1 ~ 3mg/L，GT 值控制在 104 ~ 105 范围内，处理后的水清亮透明。油含量约为 1mg/L，去除率可达 99.9% 以上；悬浮物约为 4mg/L，去除率可达 98.5%；COD 约为 200mg/L，去除率可达 96.9%。

Fenton 氧化絮凝法是难降解有机物处理过程中研究较多的一种高级氧化工艺（Advanced Oxidation Process，AOPs），可有效处理酚类、芳胺类、芳烃类、农药及核废料等难降解有机污水，与其他高级氧化工艺相比，因其简单、快速、可产生絮凝等优点而倍受人们的青睐。Fenton 试剂是 Fe^{2+} 和 H_2O_2 的结合，二者反应生成具有高反应活性的羟自由基·OH，·OH 可与大多数有机物作用使其降解以至矿化。但是如果采用 Fenton 氧化将污水中的有机质完全矿化，那么其药剂成本将很高。

汪严明以及全坤等人针对采油污水中有机质大都是生物难降解的特点，从经济角度出发，首先采用 Fenton 氧化技术，控制氧化进程，提高污水中有机质的可生化性，然后再采用生化处理技术使其达标排放。采用该技术处理效果见表 2 - 2 - 2。

表 2 - 2 - 2 **Fenton 氧化絮凝法处理效果表**

序 号	进水/(mg/L)	出水/(mg/L)	去除效率/%
1	351	141	59.83
2	356	132	62.92
3	347	145	58.21
4	358	142	60.34
5	348	137	60.63
6	349	143	59.03
7	352	149	57.67
8	359	139	61.28
9	343	138	59.77
10	347	140	59.65

处理效果表明，COD_{Cr} 可从 300 ~ 350mg/L 降到 140mg/L 左右，处理效率可达 60%。

西南石油学院刘金库等人采用光助 Fenton 氧化 - 混凝法联合技术，对油田的含聚采油污水进行了研究，该技术采用光助 Fenton 试剂对含聚合物采油污水进行氧化降解降黏，再利用反应后的 Fe^{3+} 或 Fe^{2+} 和经酸浸活化的粉煤灰联合对污水进行混凝处理。光助 Fenton 氧化降解过程是将一定量的 $FeSO_4 \cdot 7H_2O$ 加入采油污水，在不断搅拌和紫外线照射下，缓慢加入 H_2O_2，生成具有高反应活性的羟自由基·OH，从而将采油污水降解。处理效果见表 2-2-3。

表 2-2-3　Fenton 氧化-混凝法处理含聚采油污水试验结果列表

序号	H_2O_2 浓度/(mg/L)	COD_{Cr} 去除率/%	
		光助 Fenton 试剂处理	混凝剂处理
1	50	19.2	57.6
2	100	25.0	62.6
3	200	30.4	70.6
4	400	37.9	89.2
5	600	56.8	89.7
6	800	68.9	90.2
7	1000	67.8	88.7

处理效果表明，含聚合物采油污水经光助 Fenton 氧化预处理后，去除了部分 COD_{Cr}，并且混凝性能显著提高，处理后的污水的 COD_{Cr} 去除率可达 89.2%。

三、负载活性炭催化氧化处理技术

催化氧化法是近几年来应用于污水领域的新型高效的处理方法，是对传统化学法的改进和加强。它利用催化剂的催化作用，加快氧化反应速度提高氧化反应效率。其中，以过渡金属负载活性炭为催化剂，过氧化氢、臭氧或空气为氧化剂，在常温、常压下分解水相中有机物的方法。

该技术是借助外加条件引发形成氧化电势极高的羟基游离基 OH，借以攻击有机物分子，使发生链状分解反应，或借助随机形成的热力学化学电池反应直接使有机物分解为 CO_2 和 H_2O。王连生对利用此技术处理采油污水进行了研究，处理效果见表 2-2-4。

表 2-2-4　负载活性催化氧化法处理采油污水效果表

序号	曝气时间/h	COD 出水/(mg/L)	COD 去除率/%
1	0	827.4	—
2	0.25	361.9	72.7
3	0.5	109.4	90.5
4	1	108.2	90.6
5	2	105.9	90.8
6	3	105.9	90.8

处理效果表明，当曝气时间≥0.5h时，COD_{Cr}可从800mg/L降到100mg/L左右，处理效率可达90%。

四、化学氧化法

英国天然气公司(British Gas Plc)采用该法进行采出水处理室内试验。CWAO法(催化湿式空气氧化法)是在湿式空气氧化(WAO)的基础上开发的。有机物和一些无机污染物在500～580K时，通过高压空气与液体接触后进行液相氧化。在反应温度下，操作压力保持在水饱和压力以上(通常约10MPa)，此反应在液相进行。这使氧化反应可以在低于焚烧所需的温度下进行。停留时间15～120min，且COD去除率可达到75%～90%。有机物在高温下转化为二氧化碳和水，氮和硫杂原子可转化为分子氮和硫酸盐。在CWAO工艺中，液相和高压空气同时流经催化剂固定床，在同等条件下催化剂的COD去除效果要比WAO工艺更为理想，或缩短滞留时间，同时可避免一氧化碳的产生。试验结果表明，CWAO可有效去除采出水中三大类有机物。与生物和大部分化学氧化工艺不同，CWAO对每类有机污物均能很好地去除。

五、电化学法处理技术

电化学法是以金属铝或铁作阳极电解处理含油污水的方法，目前该方法已得到广泛应用。电絮凝法具有处理效果好、占地面积小、操作简单、浮渣量相对较少等优点，但是它存在阳极金属消耗量大、需要大量盐类作辅助药剂、电耗量高、运行费用较高等缺点。

电气浮法是一种利用电化学方法去除水中的悬浮物、油类、有机物等有害杂质的污水处理单元操作。它是将正负相同的多组电极安插于污水中，当通以直流电时，产生电解、颗粒极化、电泳、氧化、还原、电解产物同污水间的相互作用等。按阳极材料是否溶解可将电气浮法分为电凝聚气浮和电解气浮。当采用可溶性材料如铁、铝等作阳极时，称为电凝聚气浮，当用不溶性或惰性材料如石墨、铂、二氧化钌等作阳极时，则称为电解气浮。针对钻井污水采用化学混凝法处理难以使COD达标的情况，江汉石油学院的王蓉沙等使用电凝聚气浮对某油田的钻井污水进行了试验研究。试验表明，利用铁作为阳极的电凝聚气浮对钻井污水中的COD去除效果较为理想，能把进水COD由455.7mg/L去除到11.5mg/L，去除率高达97.5%。试验中电耗为1.2元/m³污水，但并未指明铁的消耗量。另外，哈尔滨建筑工程学院的韩洪军利用电解气浮对油田污水中的处理进行了研究。结论是电解气浮可有效地去除油田污水中的油和COD，去除率为80%～90%。

第三节 物理化学处理技术

隔油－破乳絮凝－砂滤处理技术：

该技术先采用一种无机有机高分子聚合物作为破乳絮凝剂，后续采用普通石英砂(粒径约为0.5~1.2mm)作为砂滤处理滤料，董晓丹等采用此技术对采油污水进行处理，结果见表2－3－1。

表2－3－1 隔油－破乳絮凝－砂滤处理技术处理效果表 单位：mg/L

序 号	进水		破乳絮凝处理出水		砂滤出水		COD 去除率/%	石油类 去除率/%
	COD	石油类	COD	石油类	COD	石油类		
1	1682	352	241	9	186	8	88.9	97.7
2	1053	126	162	4	125	4	88.1	96.8
3	1308	274	193	7	142	6	89.1	97.8

处理效果表明，经过破乳絮凝－砂滤处理后，采油污水中COD的去除率可达到88%左右，石油类的去除率达到96%以上。当进水COD < 1350mg/L时，出水COD达到国家排放标准；但进水中COD超过1350mg/L时，出水的COD没有达标。隔油－化学破乳絮凝－砂滤处理后出水没有达标的主要原因是砂滤对截留污水中的悬浮物效果很好，但对污水中溶解态的COD去除效果有限。

第四节 生化处理技术

近年来，陆上油田采出水外排处理已成为行业发展的战略任务之一。由于生物处理技术以其能有效地去除溶解性有机物，具有处理效果好、系统运行稳定、操作简单、管理方便以及运行成本低等优点而倍受研究者们的青睐，多年来被成功地应用于各种性质污水的二级处理，国内外采出水外排处理大多也采用了以生物法为核心的工艺技术。近年来，研究者们开发了多种油田采出水生物处理技术，但现场应用效果大多不太理想，特别是对稠油污水和高含盐污水，生物处理的效果更差。针对某些难降解有机物，特别是石油碳氢化合物、酚、卤代烃等的生化处理，国内外均进行了比较深入的研究，取得了大量的研究成果，对采出水处理具有很好的参考价值。

国外从20世纪70年代末期就开始了采油污水生物治理的探索，我国在这方面的起步较晚。目前，比较成熟的生化处理工艺可以分为两类，即利用好氧微生物作用的好氧法与利用厌氧微生物作用的厌氧法。其中好氧处理工艺主要包括活性污泥法、生物膜法(生物滤池、生物转盘、生物流化床、生物接触氧化池、浮动填料生物膜)、氧化塘法等形式。厌氧处理工艺，根据处理设备的不同可分为厌氧接触法、厌氧生物滤池、升流式厌氧污泥床(UASB)、厌氧生物转盘、内循环反应器(IC)和膨胀颗粒污泥床(EGSB)等几种处理方法。

根据污水的具体水质特点和污水处理的最终目标,可选用不同的工艺形式,既可单独采用好氧处理或厌氧处理,也可以将二者结合使用,还可以采用多级生物处理。采出水外排处理中常用的生物处理工艺有:氧化塘法、活性污泥法、生物接触氧化法及厌氧水解十生物接触氧化工艺等。由于各油田采出水的水质特性各异,可生物处理性也大不一样,因而采用不同的生物处理工艺。

一、活性污泥技术

活性污泥法(Activated Sludge Process)是当前污水处理最为基础的方法,应用相当广泛,自 1914 年 Arden 和 Lacket 提出活性污泥的概念已有 90 年的历史,在理论研究不断深入的同时,它在技术上得到了不断的改进和完善,使得其工程设计更加合理。活性污泥法是水体自净的人工化,是依靠微生物氧化分解有机物的污水处理方法。尤其是传统活性污泥法,自 1914 年在英国曼彻斯特建成试验厂以来,在污水处理技术中占据极其重要的位置。但使用传统活性污泥法进水浓度不能高,不适应冲击负荷,需氧量前大后小,容易造成前半段无足够的溶解氧,后半段溶解氧的供应量大大超过需求,浪费动力费用。在此基础上,人们已经开创了许多污水生物处理的新技术和新工艺,使活性污泥法得到了很大的发展。

含油污水生物处理的实践表明,当污水的 BOD_5 较低时,活性污泥对石油类的降解速度很慢,系统常常在高泥龄下运转,有时泥龄高达 50 ~ 100d。当有胶体及悬浮固体在污泥中积累时,会引起活性污泥沉降性能的恶化。活性污泥法用于含油污水处理普遍存在的问题是:①易受水质冲击;②由于 BOD_5 的不足而引起活性污泥菌体的自身消耗,导致污泥分散而流失,不能保证曝气池中污泥浓度的相对稳定。

有研究表明,采用优势菌接种不仅可以强化微生物降解油的能力,而且可减少油在生物污泥上的吸附,从而使处理效率较传统的活性污泥法提高 20 倍以上。

1995 年 Rajganesh 等采用活性污泥法处理采出水,水样中含有大量的硫化物和有机化合物,具有很大的毒性。对模拟水样和现场实际水样分别进行了试验研究,结果表明:在生物反应器中投加硫代芽孢杆菌、反硝化菌等培养基,可将水中的苯、酚、乙酸和硫化物全部除去,毒性大大降低,满足排放要求。1995 年 Madian 等对 Arun 气田采出水的外排处理技术进行了研究。该污水含油 2000mg/L,以一种非常稳定的水包油乳状液的形式存在,水中的油滴粒径非常细小、含盐量和 pH 值都比较低,更加稳定了水包油的存在状态。污水中含有大量的 COD、酚类物质和氨,同时还含有大量的气体(如 CO_2)和天然气,在压力下降时会外溢,酸化裂化过程中产生的含酸、表面活性剂、乳化剂以及缓蚀剂的污水也混合在其中，增加了污水的处理量和处理难度。研究的重点集中在悬浮油的去除和溶解性有机物的生物氧化。在撇油罐的前段投加破乳剂，在气浮前投加 NaOH 和设置除碳器。试验发现，撇油罐对悬浮油的去除率大于 90%，而且在气浮池前不加 NaOH 也可将酸性气体去除干净。生物处理采用推流式活性污泥法，尽管采用了一系列的改进措施(比如在生物反应器中设置挡板改善推流效果、提高曝气量和污泥回流量、降低来水含油量、添加营养盐和生物接种培养驯化等方法)，但仍未获得理想的处理效果，计划下一步采用当地的生物污泥进行培养驯化。Gevertz 等对于采出水中本身存在的硝酸盐还原菌进行培养驯化(添加硝酸盐和磷酸盐等营养盐)，氧化分解水中的溶解性硫化物。在停留时间不足 48h 的情况下，硫化物即可从 99~165mg/L 降至 3.3mg/L 以内。Duta 等还介绍了在活性污泥中投加粉末活性炭，可大大提高传统活性污泥法去除溶解性有机物的能力。

　　传统的活性污泥处理技术问世至今，不论是供氧、进料方式，还是处理工艺以及在节能、高效等方面都得到了改进。近年来，国内外科技界针对传统的活性污泥法对水质变化和冲击负荷的承受能力较弱，易发生污泥膨胀、中毒等特点开展了大量的工作，旨在对传统的活性污泥法进行革新。目前，经过改良的活性污泥法主要包括 A/O 法、A^2/O 法、AB 法、SBR 法、氧化沟等，使活性污泥法的应用范围更广泛，处理效果更好，运行成本有所降低。

　　A/O 法实际上可分为两类，一类是厌氧段与好氧段串联的流程(A_1/O)，一类是缺氧段与好氧段串联的流程(A^2/O)。A_1/O 一般由初沉池、厌氧池、好氧池、二沉池组成，可比传统活性污泥法取得更好的出水水质，能耗比较小，可改善污泥沉降性能，克服活性污泥膨胀。A^2/O 法主要功能是去除污水中的氮。由硝化细菌将氨氮氧化为硝酸盐，然后由反硝化细菌将硝酸盐还原为氮气从水中逸出。该流程可在去除有机物的同时取得良好的脱氮效果。A/O 工艺的特点是处理的水质好，氮、磷的含量低，且不需要再增加脱氮除磷的三级处理工艺，剩余污泥量较一般生物处理系统少，沉降性能也好，易于脱水。

　　A^2/O 法是将 A_1/O 流程与 A^2/O 流程结合起来，形成了同时脱氮除磷并处理有机物的流程，由厌氧池、缺氧池、好氧池串联而成，最后沉淀池的部分污泥回流至厌氧池，含硝酸盐的好氧池混合液仍需回流至缺氧池，回流比取决于工艺要求，其工艺流程见图 2-4-1。A^2/O 工艺处理效率较高，适用于要求脱氮除磷的大中型城市污水厂，但基建费和运行费均高于普通活性污泥污，运行管理要求高。

　　SBR(Sequencing Batch Reactor)工艺由一个或多个曝气反应池组成，污水分批进入池中，经活性污泥净化后，上清液排出池外即完成一个运行周期。每个周期顺序完成进水、反应、沉淀、排放四个工艺过程。SBR 以其独特的优点，在世

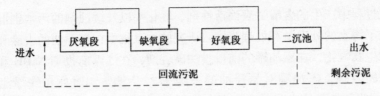

图 2-4-1 A²/O 工艺流程图

界各地得到广泛的应用。通过时间上的循环控制，实现均化、初沉、生物降解、二沉等功能于一体，其工艺布置紧凑、节省占地且运行稳定。SBR 的理想推流沉淀可抑制丝状菌的生长，污泥指数（*SVI*）较低，剩余污泥性质稳定，在好氧/厌氧交替运行过程中实现脱氮除磷。其缺点是设备闲置率高，操作复杂，对自动化要求较高等。

但是从近年来国内油田采出水外排处理的情况看，活性污泥法的应用相对较少，目前的研究还集中在试验室研究和现场小试阶段，尚不具备建设大规模工程的技术基础。

天津大学的李哲等采用 SBR 方法来处理某油田污水。该油田污水可生化性好，COD 为 400mg/L，BOD_5 为 250mg/L，油为 30mg/L。通过不同周期的考察，发现使用 8h 为 1 周期，1h 进水，5h 曝气，2h 沉淀和出水，出水 COD 始终低于100mg/L，去除率为 80%～90%。

李秀珍等人采用 SBR 活性污泥法，选用从海水、采油污水及长期受原油污染的土壤中筛选的耐盐有机物优势降解菌来处理高含氯采油污水。

SBR 技术是一种间歇式活性污泥法处理工艺，是处理高浓度有机污水的理想途径之一。SBR 反应池的活性污泥交替处于缺氧和好氧状态，可充分利用兼性菌群和好氧菌群的共同生物降解作用，具有广谱和高效的水处理效果，更有利于成分复杂的有机物质的降解。该法具有结构简单、运行方式灵活多变、空间上完全混合、时间上理想推流的污水处理特点。处理效果见表 2-4-1。

表 2-4-1 SBR 技术处理效果表

序　号	COD_{Cr}/（mg/L）		COD_{Cr}
	进水	出水	去除率/%
1	349	89	74.5
2	319	92	71.1
3	281	62	77.9
4	297	69	76.8
5	311	105	68.2
6	333	106	68.2
7	275	94	65.8
8	332	73	78.0

去除效果表明，COD$_{Cr}$去除率在 65.8% ~ 78.0%，最高去除率达到 78.0%，处理后的水质达到国家《污水综合排放标准》中的二级标准。

同济大学董晓丹等人采用隔油、化学破乳絮凝与 SBR(续批式活性污泥法)联合的二段法对采油污水进行处理，采油污水经隔油和破乳絮凝处理后，BOD/COD 值由 0.2 左右上升到 0.4 左右，可生化性明显提高，为后续的 SBR 处理奠定基础，其采油污水处理效果见表 2 - 4 - 2、表 2 - 4 - 3。

表 2 - 4 - 2　化学破乳絮凝处理效果表

序　号	进水/(mg/L)		出水/(mg/L)		COD$_{Cr}$ 去除率/%	油 去除率/%
	COD$_{Cr}$	油	COD$_{Cr}$	油		
1	1680	350	240	9	85.71	97.43
2	1050	120	165	4	84.28	96.67
3	1300	280	190	7	85.38	97.50
4	1850	430	265	11	85.67	97.44

表 2 - 4 - 3　流程处理效果表

序　号	进水/(mg/L)		化学段出水/(mg/L)		SBR 段出水/(mg/L)		总去除率/%	
	COD	BOD	COD	BOD	COD	BOD	COD	BOD
1	1080	216	172	71	50	16	95.4	92.6
2	1752	333	260	112	62	28	96.5	91.6
3	1320	268	203	93	51	21	96.1	92.2

处理效果表明，处理后的最终出水 COD 为 60mg/L 左右，BOD 为 30mg/L 以下，去除率分别达到了 95% 和 90% 以上。另据测定得知：出水油浓度小于10mg/L，悬浮物小于 30mg/L，几项主要指标均达到了国家《污水综合排放标准》的二级排放标准。

李艳红等利用该技术对高温高盐的采油污水进行了处理，该技术将驯化好的厌氧污泥放入升流式厌氧污泥床反应器(UASB)进行采油污水厌氧处理，保持反应温度在 50℃，搅拌速度在 10 ~ 60r/min，然后将 UASB 出水作为序批式活性污泥法(SBR)好氧处理装置的进水，曝气 6 ~ 12h 处理，处理工艺流程如图 2 - 4 - 2 所示。

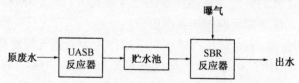

图 2 - 4 - 2　UASB + SBR 处理技术处理流程图

该装置处理的采油污水进水温度为 50℃ 左右，总盐度为 27.4 ~ 31.8g/L，氯离子浓度为 14000 ~ 15000mg/L，COD$_{Cr}$、BOD$_5$ 和石油类浓度分别为 460 ~ 560mg/L、146 ~ 180.2mg/L 和 10 ~ 50mg/L，经该工艺处理后，出水 COD$_{Cr}$ 约为 50mg/L 左

右，BOD$_5$约为 12.6mg/L，石油类低于检测限 0.5mg/L，均能达到国家《污水综合排放标准》(GB 8978—1996)的一级标准。

二、生物膜处理技术

生物膜法是污水处理领域广泛采用的方法，污水流经附着在某种物体上的生物膜来处理污水的方法。这种处理方法是使细菌和原生动物、后生动物一类的微型动物在某些载体上生长繁育，形成膜状生物性污泥－生物膜。是目前应用于污水处理领域较为活跃的研究课题，在实际工程中应用较广，生物膜具有较大的表面积，能够大量吸附污水中的有机物，而且具有很强的氧化能力，利用污水中的有机物作为营养物质，在自身生长、繁殖的同时降解有机物。根据生物膜理论，膜表面常附着很薄的水层，由于有机物被生物膜氧化，其浓度要比滤池进水中的有机物浓度低，因此当污水从膜表面流过时，有机物就会转移到膜表面的水层中，进一步被生物吸附降解；同时空气中的氧与污水同时进入生物膜，促进微生物的新陈代谢和有机物的分解，达到污水净化的目的。主要包括生物滤池、生物转盘、接触氧化法等。与活性污泥法比较，其具有受盐度影响小、产生污泥少等优点，已受到各国油田的广泛关注。目前，有关采油污水生物膜法处理的研究较多，主要有生物滤池、生物转盘法、生物接触氧化法（淹没式生物滤池）、生物膜反应器和生物流化床工艺等。

与活性污泥法相比，油田采出水外排处理中较多采用了生物膜法。美国油田在加利福尼亚南部的 Carpinteria 和亨廷顿海滩进行了生物膜法处理采油污水的现场中试研究。两地污水 TDS 均在 20000mg/L 以上。污水经隔油和气浮处理后进入生物处理设施进行生物处理，生物处理单元采用四级串联生物转盘。考虑到污水中含有大量氨氮，生物膜单元预先用生活污水进行驯化以促进硝化细菌的增殖，使其同时具有脱氮功能。中试结果表明，两地生物处理单元对 BOD$_5$、石油类、挥发酚及氨氮的去除率均在 72% 以上，但对 COD 的去除效果有限，亨廷顿海滩生物转盘对 COD 的去除率仅为 24%。Campos 等采用微过滤——生物流化床联合工艺，研究了其对高盐度采油污水的处理效果。TDS > 80000mg/L 的污水先经横向流微过滤系统去除大颗粒疏水性组分后，进入气升式反应器进行生物处理（反应器内填充 9% 的 2mm 聚苯乙烯塑料小球作为生物膜支撑材料）。210d 连续运行结果表明，当 HRT 为 12h 时，微过滤系统对 COD、TOC、石油类及挥发酚的去除率分别达到 35%、25%、92% 和 35%；而气升式反应器出水与进水比较，COD、TOC、挥发酚及氨氮的去除率分别达到 65%、80%、65% 和 40%。

在国内，邹克华等利用该技术对采油污水进行了外排处理试验，该技术采用高效优势菌结合生物膜法处理采油污水，主要特点是针对采油污水 COD$_{Cr}$不高、可生化性差、温度高等特点，采用特种生物膜材料和优势菌群，在超常规生物处理温度下不经人工降温直接生物处理，提高采油污水的可生化性，有效地降解含油污水中的烃类、硫、酚等有毒成分，使污水稳定达标排放。工艺流程图如图2-4-3所示，处理效果如表2-4-4所示。

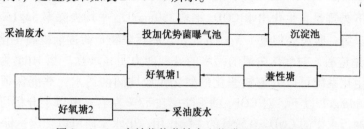

图2-4-3　高效优势菌结合生物膜法处理流程图

表2-4-4　高效优势菌结合生物膜法处理效果表

项　目	停留时间	进水 COD_{Cr}/(mg/L)	出水 COD_{Cr}/(mg/L)	有效水深/m
曝气池	7.1h	420	240	3
兼性塘	6d	240	180	2
好氧塘	8.4d	180	120	1

该工艺在实际工程上已经成功应用，对于一般的采油污水，在COD不太高、水温不超过60℃的条件下，采用该工艺完全能使处理出水达到国家污水综合排放二级标准。

杨二辉等人也采用此处理技术处理某原油处理厂的物化后出水，处理工艺流程见图2-4-4，进、出水质见表2-4-5、表2-4-6。

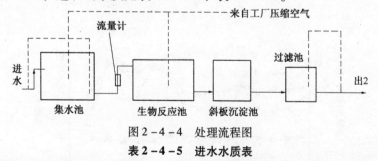

图2-4-4　处理流程图

表2-4-5　进水水质表

指　标	pH	氯化物/(mg/L)	COD_{Cr}/(mg/L)	石油类/(mg/L)	氨氮/(mg/L)
数值	6~9	6800~12000	253~600	20~40	30~42

表2-4-6　出水水质表

指　标	温度/℃	COD_{Cr}/(mg/L)	
		进水	出水
数值	<40	352	121.7

系统中试初期处理流量为 1.5 ~ 2.2m³/h，生化池出水 COD_Cr平均 202mg/L，平均去除率为 49.8%。这说明生化系统经过 15 ~ 20d 后，通过自身的适应性驯化，基本适应了酸化期污水，去除效率逐渐提高。中试后期将处理量进一步提高到 3.44 ~ 2.6m³/h。在 3.44m³/h 的两天，出水 COD_Cr去除率偏差较大，但之后维持 2.6m³/h 处理量，生化出水 COD_Cr平均 230mg/L，平均去除率 52.1%，这一结果仍略好于第一阶段处理量 1.5m³/h 时，说明污染物负荷逐渐提高生化系统经过 10 多天的适应后，对酸化阶段的污水的处理能力明显增强。当 HRT 为 10h 左右时，中试生化系统可以处理较恶化的酸化作业期间的污水，并能保证生化出水 COD_Cr在 250mg/L 以下，对 COD_Cr的去除率在 52% 左右。由以上分析可知，整个系统对含油污水中的 COD_Cr有较好的去除作用，出水水质可以稳定达标。

整个系统对油的去除效果如图 2 - 4 - 5 所示。当进水中石油类浓度不高于 35mg/L 时，出水的石油类浓度不高于 10mg/L，完全能够达到排放标准。当进水中石油类浓度波动较大时，其出水中石油类浓度仍比较稳定，但其去除率随进水浓度的提高而增大，这说明整个系统对石油类污染物去除有比较好的抗冲击性和稳定性。

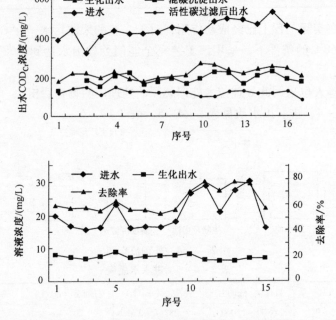

图 2 - 4 - 5 系统对 COD 和石油类的去除效果图

在所取水样中沉降罐入口处硫化物为 11mg/L，物化系统出口为 7mg/L，生化池出水未检出。也就是物化出水的硫化物较高，但经过系统生化处理后，硫化物基本全部去除。而且整个系统对挥发酚也有良好的去除效果，生化出水挥发酚浓度远低于排放标准 1.0mg/L。

崔俊华等进行了内循环式三相生物流化床(3-PBFB)处理采油污水的研究。污水经 API 油水分离器和气浮池进行一级处理后进入 3-PBFB(内接种分离筛选得到的高效降解菌)进行生物处理,HRT 为 2~3h,处理后污水经沉淀池沉淀后外排。当 3-PBFB 进水含油量 41~59mg/L 时,出水石油类去除率可达 89%~92%。赵昕等采用好氧的上流淹没式曝气生物滤池(BAF)处理华北油田高含盐、低氮磷含量的污水,固定有 B350M 微生物群的反应器对总有机碳的降解率达 78%,油去除率达 94%。

苏德林等利用该技术利用折流板厌氧反应器(ABR)-曝气生物滤池(BAF)工艺处理江汉油田马-25 污水处理站的采油污水,试验流程及装置如图 2-4-6 所示。

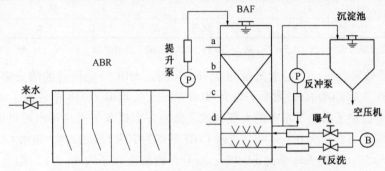

图 2-4-6　ABR-BAF 处理技术处理流程图

试验用水取自江汉油田马-25 污水处理站。该站的污水处理采用的是重力流程,三相分离器出水经除油罐(100m³)除油后自流到吸水罐(80m³),再通过离心泵提升进入沉降罐。沉降罐出水作为试验用水,水质情况及处理效果分别见表 2-4-7 和表 2-4-8。

表 2-4-7　试验进水水质分析表　　　　　单位:mg/L

指标	温度	pH	COD	油	BOD$_5$	总磷	氯化物	溶解氧	悬浮物
数值	30~45	6.5~7.5	250~410	30~60	32~51	0.16	15000	0~0.3	25000

注:温度单位为℃,pH 无量纲。

表 2-4-8　ABR-BAF 工艺处理效果表

流量/ (m³/h)	指标	ABR			BAF			总去除率/%
		进水/ (mg/L)	出水/ (mg/L)	去除率/%	进水/ (mg/L)	出水/ (mg/L)	去除率/%	
0.3	油	47.0	7.3	84.5	7.3	1.4	80.3	96.9
	COD	343.7	203.6	40.8	203.5	85.7	57.9	75.1
	BOD$_5$	40.6	74.6		74.6	2.8	96.3	93.1
	悬浮物	25.7	19.2	25.6	19.2	3.3	82.7	87.1

续表

流量/ (m³/h)	指标	ABR			BAF			总去除率/%
		进水/ (mg/L)	出水/ (mg/L)	去除率/%	进水/ (mg/L)	出水/ (mg/L)	去除率/%	
0.5	油	46.9	7.3	84.5	7.3	1.5	78.8	96.7
	COD	344.9	207.3	39.9	207.3	84.3	54.5	72.7
	BOD₅	42.0	69.4		69.4	5.8	91.6	86.2
	悬浮物	34.4	27.2	20.8	27.2	4.5	83.6	87.0
0.7	油	46.4	7.6	83.7	7.6	1.8	76.3	96.1
	COD	332.2	203.0	38.9	203.0	138.9	31.6	58.2
	BOD₅	42.0	61.2		61.2	8.4	86.3	80.0
	悬浮物	27.8	22.7	18.3	22.7	5.4	76.4	80.7

注：当流量为 0.3m³/h、0.5m³/h、0.7m³/h 时，ABR 的 HRT 分别为 26.7h、16h、11.4h。

处理效果表明：当污水流量为 0.3m³/h 时，ABR 反应器对油的去除率平均为 83.5%，对 COD 的去除率平均为 40.8%，出水 BOD₅/COD 值提高了 24.8%。ABR 方面去除了采油污水中的大部分油，另一方面提高了采油污水的可生化性。当 BAF 的水力负荷为 0.6m³/h、进水 COD 平均为 203.5mg/L 时，出水 COD 平均为 85.7mg/L，平均去除率为 57.9%；对悬浮物的去除率为 82.7%。组合工艺对油、COD、BOD₅ 和悬浮物的总去除率分别为 96.1% ~96.9%、58.2% ~75.1%、80.0% ~93.1% 和 80.7% ~87.1%。扫描电镜(SEM)观察结果显示：生物膜结构紧密，并且观察到裂口虫，生物相非常丰富。ABR – BAF 工艺能够很好地处理采油污水，出水水质满足污水二级排放标准。

张华等人也利用该技术处理高含盐含氯采油污水，处理工艺流程图见图 2 – 4 – 7，进水水质及处理效果分别见表 2 – 4 – 9 和表 2 – 4 – 10。

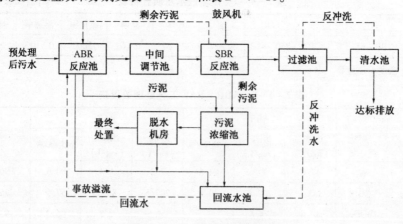

图 2 – 4 – 7 处理工艺流程图

表 2 - 4 - 9　进水水质表　　　　　单位：mg/L

指标	pH	温度	COD$_{Cr}$	BOD$_5$	悬浮物	石油类	氯化物	硫化物
测定值	7.1 ~ 8.2	38 ~ 50	150 ~ 396	50 ~ 127	140 ~ 610	11.5 ~ 15	14000 ~ 15000	11.8 ~ 20.1

注：pH 无量纲，温度单位为℃。

表 2 - 4 - 10　出水水质表　　　　　单位：mg/L

序　号	pH	COD$_{Cr}$	石油类	悬浮物	氨氮	硫化物
1	7.60	90.8	0.962	12	0.033	0.0030
2	7.66	88.8	0.932	10	0.034	0.0036
3	7.70	92.8	0.965	6	0.035	0.0042
4	7.78	92.8	0.962	<4	0.035	0.0033
5	7.78	83.0	0.788	5	0.038	0.0002
6	7.78	81.0	0.796	8	0.037	0.0013
7	7.85	84.8	0.862	<4	0.033	0.0028
8	7.85	83.0	0.863	10	0.034	0.0030
平均值	7.75	87.1	0.891	8.5	0.035	0.0027

　　处理效果表明，出水 COD$_{Cr}$ 在 80 ~ 90mg/L，硫化物含量在 0.005mg/L 以下，石油类含量在 1mg/L 以下，出水各项指标均能达到《污水综合排放标准》（GB 8978—1996）的一级标准。

　　大连理工大学田慧颖等利用膜生物反应器（MBR）- 曝气生物滤池（BAF）工艺处理辽河油田的采油污水，试验装置如图 2 - 4 - 8 所示。

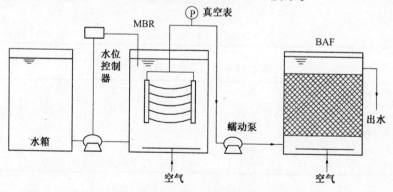

图 2 - 4 - 8　MBR - BAF 处理流程图

　　试验用水取自辽河油田某联合站的含油污水，水质状况见表 2 - 4 - 11，改种采油污水 BOD$_5$/COD 在 0.12 ~ 0.25，属于难生物降解污水。通过试验处理后，其处理效果见表 2 - 4 - 12 ~ 表 2 - 4 - 15。

表 2-4-11　进水水质分析表　　　　　　单位：mg/L

指标	pH	COD	油	BOD₅	TOC	悬浮物	氨氮
数值	8.0~8.4	516.7~615.3	14.4~79.0	60.0~137.5	124.9~180.7	21.2~168	6.8~12.3

注：pH 无量纲

表 2-4-12　COD 去除效果表

HRT/h	8.2	7.4	7.2	6.7	4.8
进水/(mg/L)	462.2	408.9	380.4	546.2	335.0
容积负荷/[kg/(m³·d)]	1.35	1.33	1.30	2.00	1.70
MBR 出水/(mg/L)	110.2	106.7	117.3	108.1	129.9
滤池出水/(mg/L)	99.6	93.9	72.9	85.3	92.6
去除率/%	78.5	77.0	80.8	84.4	71.4

表 2-4-13　石油类去除效果表

HRT/h	11	6.2	4.8
进水/(mg/L)	7.24	6.78	7.24
MBR 出水/(mg/L)	0.38	0.17	0.37
滤池出水/(mg/L)	0.12	0.15	0.10
去除率/%	98.3	97.8	98.6

表 2-4-14　BOD₅ 去除效果表

进水/(mg/L)	129.37	137.40	137.57	135.59
MBR 出水/(mg/L)	10.00	5.40	7.80	4.00
去除率/%	92.27	96.07	94.33	97.05
滤池出水/(mg/L)	2.90	1.40	2.80	3.00
去除率/%	97.76	98.98	97.96	97.79

表 2-4-15　氨氮去除效果表

HRT/h	8.2	8.0	7.4	6.7	6.5
进水/(mg/L)	9.06	9.06	9.21	9.32	10.30
MBR 出水/(mg/L)	1.00	1.11	1.52	1.94	2.40
滤池出水/(mg/L)	0.67	0.59	1.34	0.85	1.90
去除率/%	92.6	93.5	85.5	90.9	81.5

　　处理效果表明：MBR-BAF 系统对辽河油田采油污水中的油、BOD₅、氨氮去除效果很好，去除率均可达到 90% 左右，COD 的平均去除率也可达到 70% 以上，出水清澈透明，无异味。膜生物反应器中 COD 容积负荷达到 1.97kg/(m³·d) 时，MBR-BAF 系统 COD 的去除效果仍非常理想，出水 COD 浓度满足污水综合排放一级标准；当膜生物反应器水力停留时间缩短为 4.8h，MBR-BAF 系统的除油

率仍在90%以上。

赵昕等人利用固定化曝气生物滤池处理技术对采油污水的处理效果表明，采用 FPUFS 载体固定 B350M 微生物的固定化曝气生物滤池反应系统可以在盐度大于 0.5%，C∶N∶P = 100∶2.58∶0.044，有机物浓度较低的条件下，有效地处理含石油类为主要有机污染物的采油污水。在 HRT 为 4h，COD 容积负荷为 1.07kg/(m³·d) 的稳定运行期，出水石油类的含量低于 3mg/L，TOC 的含量低于 10mg/L，石油类、TOC、COD 和硫化物的平均降解效率为 90.5%、74.4%、85.6%、100%。

三、生物接触氧化技术

生物接触氧化技术是在活性污泥技术和生物膜技术的基础上，综合吸收了其优点而形成的一种技术。国内研究者进行了深入的研究，并且此技术已经在国内采油污水处理工程中得到广泛的应用。

邓波等采用两级生物接触氧化工艺进行了采油污水的生物处理研究。生物处理单元投加经驯化筛选得到的混合菌。结果表明，生物处理系统在进水 TDS 为 23800 ~ 25000mg/L、水温 45 ~ 60℃时运行正常。出水 BOD₅、石油类和挥发酚的去除率达到90%以上，COD 平均去除率为 56.8%。

华中理工大学的杜卫东等利用"厌氧酸化 + 接触氧化"的方法对某油田污水进行试验研究。该油田污水 BOD_5 与 COD_{Cr} 的比值小于 0.15，可生化性差，在厌氧酸化单元，污水中的一些复杂有机物在厌氧菌作用下进行水解酸化，转化为较易生物降解的简单有机物，改善了其可生化性，为后续的好氧处理提供条件。在生物接触氧化单元，污水中的有机物在好氧菌的作用下被无机化，从而使污水中的 COD 值降低到排放标准。试验结果表明，经过一段时间的驯化，当停留时间（HRT）为 16h 时，厌氧单元能把原水 COD 从 406mg/L 降到 272mg/L，去除率在33%；BOD_5提高一倍，大大改善了可生化性。在好氧单元，先用自来水配以营养盐进行好氧菌种的培养，再用污水对微生物驯化。经过驯化后，当 HRT 为 20h 时，COD 去除率可达 70%。把厌氧段和好氧段串联运行，经 16h 厌氧及 20h 好氧后，COD 的最终去除率在 63% ~ 78%。

清华大学的竺建荣等采用厌氧 - 好氧交替（AAA，它是 SBR 工艺的变型）+ 生物接触氧化工艺对辽河油田污水进行处理试验，试验流程如下：

油田污水→气浮除油→UASB→AAA→接触氧化→出水

辽河油田污水 COD 一般为 1100 ~ 1200mg/L，进水油含量 100 ~ 150mg/L。经气浮预处理后，污水 COD 约950mg/L，油降到 40 ~ 50mg/L。试验表明，进水 COD360 ~ 950mg/L，UASB 反应器的 COD 去除率均保持在 60% 左右。经过厌氧

UASB 反应器处理后的污水，再经 AAA 工艺处理，在 HRT 8～12h 的条件下，其 COD 含量能够从 350mg/L 降到 160～240mg/L，COD 去除率在 31%～48.5%。对于质量浓度为 160～240mg/L 的污水，采用好氧接触氧化法作为好氧二级处理，其出水 COD 去除率为 50%～60%，出水 COD 质量浓度一般接近 80mg/L 左右。

四、生物活性炭流化床净化采油污水

好氧生物流化床是将传统活性污泥法与生物膜法有机结合并引入化工流态化技术应用于污水处理的一种新型生化处理装置。由于它具有处理效率高、容积负荷大、抗冲击能力强、设备紧凑、占地少等优点，被认为是未来最具发展前途的一种生物处理工艺而生物活性炭（Biological Activated Carbon，BAC）是 20 世纪 70 年代发展起来的去除水中有机污染物的一种新工艺——J. BAC 技术利用具有巨大比表面积及发达孔隙结构的活性炭，对水中有机物及溶解氧有强的吸附特性，将其作为载体是微生物集聚、繁殖生长的良好场所，在适当的温度及营养条件下，同时发挥活性炭的物理吸附和微生物生物降解作用的水处理技术。

水技术研究 90 年代初期，美国气体研究所（GRI）与 EFX 系统公司合作，对生物颗粒活性炭处理油田采出水进行了广泛深入的研究，同时用四个油田的水样进行室内试验，取得了重大科技成果。流化床生物反应装置是一种高效、生物固定膜处理工艺。污水向上流经流化的颗粒均匀介质，如砂、颗粒活性碳或离子交换树脂等流化床而得到处理。微生物接触膜在流化床上生长。由于污水向上流经流化床介质进行处理，附着在介质上的生物膜可去除水中的有机污染物。流经流化床的流速足以传递介质运动或流化。

由于 GAC－FBR（粒状活性炭滤床反应器）对于烃类降解去除率高，大体积流通能力及所需停留时间短等特点使其成为海上和陆上采出水处理中去除水溶性有机物的极佳选择。可采用厌氧处理和好氧处理采出水。采用综合的厌氧好氧处理工艺可处理脂肪酸浓度高的采出水。检测表明 GAC－FBR 可完全去除水中的毒性。

近年来，为了满足近海油田日益严格的污水排放标准，美国部分油田对厌氧－好氧 GAC－FBR 工艺的可行性进行了小规模的验证。在怀俄明州的 Lysite，由于当地采出水中含有高浓度的有机酸，故采用两级串联 GAC－FBR 工艺。在厌氧 GAC－FBR 阶段，大部分有机酸及碳氢化合物被降解，剩余的碳氢化合物和溶解性有机物在后续的好氧 GAC－FBR 阶段被去除，出水石油类平均浓度 4.3mg/L，去除率达到 94.3%，只有当前期气浮处理效果不佳而使浮油进入生物处理系统时，出水石油类浓度才偶尔超过 10mg/L。该工艺对 COD 的去除率也达到 74%。在墨西哥海湾油田的中试也表明，采油污水经厌氧－好氧 GAC－FBR

工艺处理后可完全达到油含量日最高不超过 42mg/L 、月平均不超过 29mg/L 的排放标准，甚至可达到更严格的排放指标，即日最高油含量不超过 10mg/L。

在国内，李安捷等利用生物活性炭流化床进行了采油污水的模拟试验，工艺流程见图 2 - 4 - 9，其装置为 1 个有效容积为 10L 的生物流化床反应器，材料为有机玻璃。向反应器装置内投加果壳颗粒活性炭，投配率为 15%，并在反应器升流区的底部设置 1 个穿孔曝气管，供气装置采用空压机。另外还配备了提升恒流泵、加热水箱、温控器、电磁阀以及液位控制装置等。反应器初始运行参数：pH 值维持在 7 ~ 7.5，进水水温 45 ~ 50℃，进水溶解氧 2mg/L，出水溶解氧 7mg/L，流化床反应器内温度 35 ~ 40℃，HRT 为 4h。

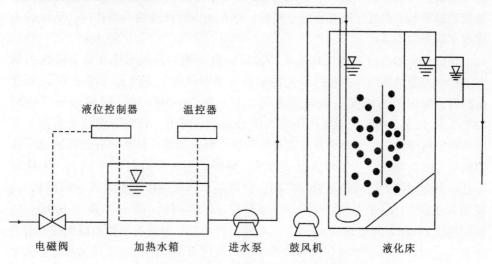

图 2 - 4 - 9 生物活性炭流化床工艺试验流程图

通过模拟试验得出结论如下：

（1）对于生物活性炭流化床工艺，采用片状果壳炭作为载体优于煤质炭，且采用 15% 的投配率，效果最好。

（2）水中有机物去除率随着停留时间的延长而逐渐升高，选择 5h 的 HRT 比较合适。

（3）生物活性炭流化床工艺降低 UV254 、UV410 的效果十分明显，表明该工艺对于水中的较大分子量的芳香族化合物或具有共轭双键的化合物具有较高的净化效率；除此以外，有机酸、TOC 以及含油量的去除率也很高，COD 的去除率维持在 25% ~ 45%。

（4）GC/MS 分析发现生物活性炭流化床工艺对苯酚和小分子量酯类的处理效果较好，但很难去除长链烷烃和大分子量酯类，需进一步研究培养能够有效降解长链烷烃等分子量较大有机物的微生物。

（5）活性炭对 Ca^{2+}、Cl^- 有一定的吸附能力，这些离子占据了吸附活性中心，对活性炭吸附有机物产生了不利的影响。

（6）温度过高会抑制活性炭的吸附能力，不利于采油污水的处理，需要筛选或开发在高温下吸附效果较好的活性炭作为生物载体。

五、生化工艺中投加菌种的辅助工艺

投加菌种基于两个目的：一是系统中没有或缺少对污水中污染物降解能力强的菌株，如污水中含有氰化物时，只能通过投加分离筛选的解氰细菌。如果缺少这种细菌，污染物就不能降解。二是污水中的少量难降解物质只能通过分离筛选甚至通过基因工程改变的工程菌来降解。如果缺少这部分细菌的作用，系统的去除效率就难以提高。

投菌工艺的基础是优势高效或特异降解微生物的分离筛选和降解特性的研究。杨彦希等从炼油厂严重污染的污水和土壤中分离筛选到 12 株假丝酵母和丝孢酵母，能以苯酚为唯一碳源和能源生长。在 24~48h 内，降解苯酚可达到 1200mg/L 以上。中科院微生物所从石化污水中分离出一株降解丙烯腈的诺卡氏菌，将该菌接种到生物膜中，处理效果明显。柯嘉康等从污水中分离筛选出三株解酚能力强的菌株。在生物转盘上挂膜，解酚效率可维持在 95% 以上。大庆石化总厂分离筛选出的两株菌株对乙腈、丙烯腈、丙烯酸甲酯具有特异降解能力。投加菌种后，在总水力停留时间 60h 条件下，COD 可从 760mg/L 降至 100mg/L，氰化物从 24mg/L 降至 0.08mg/L，对乙腈、丙烯腈、丙烯酸甲酯和硫氰酸钠的去除率均达到 99.9%。林稚兰和李玲君等在对处理石油化工污水活性污泥优势微生物菌群和降解效能的研究基础上，利用混合优势菌株处理含有苯乙烯、对苯二甲酸、丙酮等污染物的石化污水取得好的效果。Atlas，R.M 报道了微生物菌剂在石化污水处理中应用情况。Horvath，R.S 对微生物菌剂的投加机理进行了分析，并认为在污水中存在某些特殊污染物或由于浓度太低以至不能为降解菌株提供足够的选择优势，使微生物不能在系统中维持，则可能进行定期接种。Deutsch，D.J 报道了加利福尼亚 Exxon 炼油厂利用特异菌株的冷冻干燥细菌定期接种可改善活性污泥系统的性能，使总有机碳(TOC)的去除率提高 32%。

针对于石油污水的难生物降解性，如 PAM、高含氯污水等。目前国内的一些研究单位通过对特定的菌种进行驯化和培育来进行石油污水的生物处理。清华大学程林波查阅大量的文献显示硫酸盐还原菌(SRB)经过逐级的驯化和培养，可以在不加任何培养基成分的一定浓度的 PAM 中生长繁殖，因此他将 SRB 引入到水解工艺中，水解加好氧工艺在常规条件下和水解槽内加入 SO_4^{2-} 对 SRB 进行培育的情况下观察 SRB 对 PAM 的降解效果。其结果证明通过对 SRB 的培育和驯化，在适当条件(水解槽内 COD:SO_4^{2-} = 5:1，槽内 PAM 负荷0.6g，周期3d)下，水解槽对 PAM 平均去除率可达38.3%。四川油田采气污水，长庆、新疆、塔里木、江苏油田等采油污水均为高含盐污水。于晓丽等选用从海水、采油污水及长期受原油污染的土壤中筛选的耐盐优势降解菌来处理江苏油田的高含氯采油污水。通过30天现场测定结果说明，经过驯化在高含氯污水环境下生存的微生物对 COD 有明显的降解效果，COD 去除率在65.8% ~ 92.1%，处理后的 COD 达到国家污水综合排放标准的要求。

从以上投菌工艺的试验来看，投加优势菌种和降解某些特殊污染物的特异菌种，能够明显提高石油污水的生物处理效率。但是对通过与国外部分环保公司的接洽，可以反映出一个问题，国外的采油污水处理工艺也属物化和生化的组合工艺，生化工艺也分厌氧工艺和好氧工艺的组合，国外工艺中对微生物的驯化比较侧重，通过驯化一些生物酶等投放到采油污水生化处理装置中起到降解污染物的目的。部分国外公司利用其驯化的生物酶在国内各油田进行了采油污水处理试验，但是由于采油污水水质的复杂性以及特殊性，目前尚未有成功实现工程应用的报道。

第五节　植物湿地处理技术

土壤植物系统被看成是一种高效"活过滤器"。其净化功能主要由下列要素构成：

（1）绿色植物根系的吸收、转化、降解和生物合成作用；

（2）土壤中细菌、真菌和放线菌等微生物的降解、转化和生物固化作用；

（3）土壤的有机、无机胶体及其复合体的吸收、络合和沉淀作用。

湿地污水处理工艺是利用水生生物，尤其是盐土植物和耐盐微生物，处理及处置污水的人工强化生物处理技术，具有缓冲容量大、处理效果好、运行成本低等优点。

最早在20世纪初，1906年人们就开始利用湿地技术处理生活污水试验，80年代中期欧洲开展了大规模的芦苇床处理生活污水。人工湿地技术在油田采出水处理和处置中的研究与应用在20世纪80年代末到90年代初期间得到了快速发展，国内在90年代后也有较深入的研究。例如，芦苇具有优良的生物学特性，抗逆性强，分布广，可在各种不利条件下生长，其茎杆的纤维管具有从根部输送氧气的能力，是理想的生物活性植物。哥伦比亚克尔特 Kelt 油公司采用以芦苇根系为基础的过滤系统处理含有原油的采出水。芦苇根系吸附采出水中的有机污染物，处理后的水可进行农业灌溉，整个湿地占地面积为2700m^2，主要用来去除水中的酚类有机物，处理水量为 1200m³/d，处理后的水可灌溉 68500m² 的稻田。试验结果表明，运行 11 周后出水可达到农业灌溉标准，酚类化合物可在 1mg/L 以下，COD 小于 100mg/L。Transform 认为，一年以后该系统可去除 90% 的酚类化合物，系统可能要三年以后才能达到最佳处理效果。加拿大石油部（DOE）第三海上石油储备库（NPR－3）也采用了芦苇床处理采出水的工艺，处理场地位于 Wyoming 以北 40 英里处的 Casper。芦苇床处理系统的运行不仅节约了资金，而且出水满足国家有关的环保要求。系统于 1996 年 1 月 16 日正式投产，处理水量大约为 7150m³/d。系统分为两部分，一部分主要采用沉降分离去除细小的分散油和硫化物，然后通过稀释作用降低采出水的电导率；另一部分主要是芦苇床处理系统。试验证明，吸盐植物能够降低采出水中的钠盐和氯化物，电导率大约可降低 50%，满足排放要求，同时 COD 也可从 469mg/L 降至 70mg/L，满足 100mg/L 的排放标准。籍国东等采用自由表面流芦苇湿地处理稠油污水。当芦苇床的水力负荷为 3.33cm/d 时，对于年平均进水 COD 为 459.16mg/L，石油类为 27.65mg/L，BOD_5 为 33.52mg/L，TN 为 13.74mg/L 的稠油污水，处理系统的出水指标分别为 COD77.21mg/L，石油类 1.42mg/L，BOD53.90mg/L，TN1.60mg/L，去除率分别为 83.18%，94.86%，88.37%，88.36%，pH 值由 7.87 降至 7.77。经处理的采油污水对土壤没有明显的污染现象，对芦苇的生长和材质指标几乎没有影响。另外，辽河油田曾开展了利用芦苇床处理采出水和落地原油的试验，中科院植物研究所和江苏省植物研究所还进行了凤眼莲生态工程净化处理油田采出水的研究。自由表面流芦苇湿地处理稠油污水的出水水质稳定，耐冲击负荷强，是一种经济有效的稠油污水处理新方法。美国俄克拉何马油田利用耐盐碱的绿色植物，通过其根茎吸收采出水，然后通过植物叶子蒸发，以此降低采出水总外排量和降低生产费用。所采用的植物是灯心草和绳草，最大蒸发量达到 40%。计算表明，这种植物法处理采出水的成本仅为 $0.46/bbl。

　　根据最新资料，2000 年美国 Argonne 国家试验室的科学家研究了以植物做根基处理气井含盐污水的方法，并已开发出成本低、技术难度小的净化污水和减少采出水量的方法。它以植物处理为依据，模拟自然湿地生态环境栽种绿色植物。其理想的植物应该是大的、生命力强的耐盐碱草本或类似于草本的其他植物种类。同时需具备硕大的叶片、根茎以及浓密的纤维状根系，可以起到生物滤池的作用。

　　在美国，植物湿地法已成功地应用于油田采出水的外排处理。典型的处理系统为人工构建湿地系统 CWS（Constructed Wetland System）。它既是一个生物处理系统，也是一个生化处理系统。该系统利用湿地植物和微生物吸收、分解过剩的养分并从污水中除去。

　　植物处理较物理化学方法（例如离子交换）有很多优点。首先它可利用植物本身的能力吸收大量的污染物离子，其二具有可选性。被选择的植物可吸附指定的污染物。此外，该技术的最大优点就在于成本低、技术难度小。CWS 模拟天然湿地的净化过程，去除养分、沉降物以及其他杂质。处理系统的实际尺寸要根据水的污染程度（氮、磷及总悬浮固体含量等）、水力负载量，以及水的停留时间进行设计。

　　CWS 系统的优点如下：占地面积小，工程造价低，使用寿命长，便于管理。同时绿肥的重复利用可带来潜在的经济效益。CWS 系统是在现场构造并模拟天然湿地处理水流的一种方法，因此造价不高。但是，至少到目前为止，湿地技术的应用仍受到多方面因素的限制，大规模的推广应用还存在很大的困难。但与其他生物处理方法比较，自净化处理系统存在占地面积大、易造成二次污染等缺点，但从我国油田污水治理面临的严峻形势和部分陆上油田的周边生态环境来看，自然净化处理系统仍然具有一定的应用前景。

第三章
国内油田采油污水外排处理工程

第一节 胜利油田采油污水外排处理工程

胜利油田是我国第二大油田，所辖 17 个采油厂。采油污水大部分通过回注或回灌的方式注入地下，但由于含水率升高，采油污水量逐年增大，又受地层条件等限制以及边水活跃等影响，部分采油厂均出现了采油污水剩余，需要经过处理后达标外排或回用处理。

根据胜利油田剩余采油污水的特点，可将其分为三种类型：一是高含氨氮采油污水：此类采油污水以现河首站采油污水为代表。它不仅具有高温、高盐等采油污水的共性，还具有氨氮含量高的个性，这进一步加大了采油污水达标处理的难度，因此在选择采油污水处理工艺时，在考虑去除 COD_{Cr} 和石油类指标的同时，还要考虑氨氮的去除工艺和参数。二是高含聚采油污水：此类采油污水以孤岛各联合站以及孤东采油污水为代表。由于注聚合物驱等三次采油技术的开展，使得这类采油污水中含有 PAM 等具有强生物毒性的物质，进一步加大了此类采油污水的生化处理难度。对于此类采油污水的外排处理工艺，首先要考虑去除 PAM 等聚合物，增加采油污水的可生化性，然后选择合理的采油污水外排处理工艺进行达标处理。三是常规采油污水：此类采油污水以桩西采油污水为代表。这类采油污水虽然也具有高温、高盐等特点，但是由于其三次采油开展很少，油田采出水中的污染物浓度相对较低，种类相对简单，相对降低了采油污水的处理难度。但是桩西采油污水硫化物和挥发酚的含量较高，在外排达标处理时要考虑去除硫化物和挥发酚的工艺参数。

一、现河灰场氧化塘污水外排处理工程

1. 工程建设情况

现河首站是胜利油田采油污水中污染最严重的排放口，针对高温高盐采油污水中氨氮等污染物处理不易达标的问题，胜利油田通过大量调查和试验证明利用

胜利油田电厂粉煤灰和灰场氧化塘处理现河首站采油污水，可以实现污水达标排放。

粉煤灰场工程于 2001 年 10 月中旬开始施工，当年底便达到了进水条件，2002 年初进入试运行，设计规模 15000m³/d。2006 年，在室内试验数据的支持下，对该工程进行了扩建，引入王岗联合站采油污水 10000m³/d，通过粉煤灰厂氧化塘处理后达标排放，总设计处理能力 25000m³/d，实际处理能力达到 28000m³/d。

2. 工程的工艺流程及进出水水质

现河首站和王家岗联合站的采油污水具有高温、高盐和高含氨氮的特点，其水温为 50~65℃，矿化度为 30000~40000mg/L，COD 为 300.0~750.0mg/L，氨氮为 40.0~80.0mg/L，挥发酚为 1.00~3.50mg/L。针对该水质特点，在室内研究基础上，建设了灰场氧化塘采油污水外排达标处理工程，该工程的工艺处理流程见图 3-1-1。

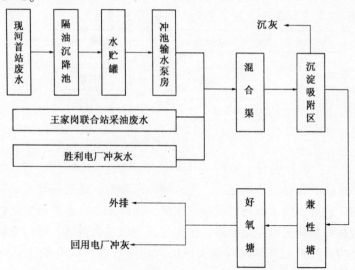

图 3-1-1 粉煤灰吸附-氧化塘法处理工艺流程简图

现河首站及王家岗联合站采油污水经站内预处理后通过管线输送至粉煤灰厂氧化塘，在混合渠内跟电厂充灰水混合，通过粉煤灰的吸附作用去除采油污水中的部分 COD、石油类和挥发酚等污染物，其中石油类、COD 和挥发酚的去除率分别达 80%、13%~35% 和 10%。混合后的水进入沉淀吸附区进行沉灰后进入兼性和好氧塘进行生化处理，处理后采油污水经过竖井达标排放于广蒲河。现河首站和王家岗采油污水中氨氮和 COD 的达标问题是该工程能否达标排放的关键。

二、桩西长堤污水外排处理工程

1. 工程建设情况

桩西外排污水处理站于 2000 年 10 月建成投产，该工程采用了隔油—沉降—氧化塘生化的工艺，设计处理能力 15000m³/d，运行效果理想，实现了采油污水的达标排放。由于采出液含水量逐年增加，该工程超负荷运转不能满足污水处理需求，因此，2005 年 10 月，桩西氧化塘开始了二期改造工程，采用"厌氧塘—兼性塘—好氧塘"的工艺，改造原有氧化塘，并新建一个氧化塘与原有的两个氧化塘串联。2006 年 7 月改造完毕，新增每天约 20000m³ 的处理量，处理能力达到 36000m³/d。

2. 工程的工艺流程及进出水水质

桩西采油厂剩余采油污水与孤东等采油厂剩余采油污水相比其可生化性较强，但是其硫化物和挥发酚的浓度较高，为此，胜利油田采用了"隔油＋厌氧塘＋好氧塘"工艺进行处理，其工艺流程图见图 3－1－2。

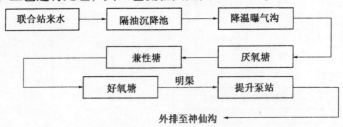

图 3－1－2　桩西长堤污水处理站处理工艺流程简图

采油污水在联合站做预处理后，进入隔油沉降池，通过物理方法除油后进入降温曝气沟，后进入厌氧塘内进行酸化水解，提高采油污水的可生化性，后依次进入兼性塘和好氧塘进行生化处理，生化过程中通过机械曝气进行充氧，处理后采油污水经明渠流入提升泵站后泵入神仙沟达标外排。COD 的达标问题是该工程能否达标排放的关键。

三、孤东污水外排处理工程

1. 工程建设情况

孤东污水外排处理站于 2006 年 5 月开始建设，2006 年 11 月建成投产，该工程采用了隔油—折流混凝—气浮—曝气氧化塘—好氧塘的处理工艺，设计处理能力 20000m³/d，运行效果理想，实现采油污水的达标排放。

2. 工程的工艺流程及进出水水质

孤东采油厂剩余采油污水与桩西、现河等采油厂剩余采油污水相比其可生化性较差，其中聚合物含量较高，具有明显的生物毒性，降低了采油污水中的可生化性。根据桩西采油厂剩余污水的性质，胜利油田采用了"隔油+气浮+氧化塘"工艺进行处理，其工艺流程图见图3-1-3。

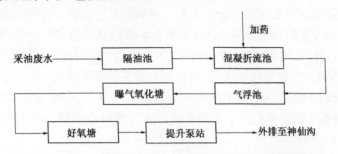

图3-1-3 孤东采油污水外排处理工程工艺流程图

采油污水在联合站做预处理后，进入隔油沉降池，通过物理方法除油后进入混凝折流池，在混凝折流池内加药使采油污水与药剂反应形成矾花，后进入气浮选内通过气浮去除部分COD和石油类，后进入曝气氧化塘，在塘内通过机械曝氧补充消耗掉的溶解氧，出水进入好氧塘进行生化降解处理，处理后采油污水经明渠流入提升泵站后泵入神仙沟外排。COD的达标问题是该工程能否达标排放的关键。

四、含聚采油污水先导性试验工程

1."二级气浮+百乐克生化"工艺处理含聚采油污水试验

自2006年10月开始至2007年8月，先后在孤岛采油厂孤四联合站和孤五联合站开展了以百乐克工艺为基础，气浮预处理工艺为辅助的含聚采油污水现场处理试验，处理规模50m³/d，取得了显著的效果。试验的工艺流程见图3-1-4。

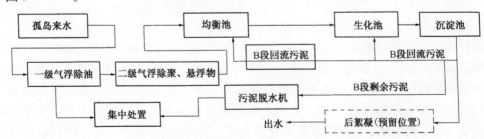

图3-1-4 "二级气浮+百乐克生化"工艺处理含聚采油污水试验流程图

具体工艺流程为：孤岛来水加药进入二级气浮选，去除大部分PAM、石油类和部分CODcr，后进入均衡池。在均衡池内进行混合和酸化水解，并去除部分污染物，其活性污泥在水质稳定时可以自身生长，水质波动大造成污泥活性降低时可由后续工段回流活性污泥补充。均衡池出水进入生化池，采油污水在生化池内完成生化处理，实现采油污水达标排放。

本试验证明，只要选用合适的工艺，控制好工艺参数，含聚采油污水的达标处理后排放是可能的，含聚采油污水处理的关键应该是通过气浮等预处理工艺去除掉聚合物，并筛选驯化能适应含聚采油污水的生物菌种。

2. "磁分离 + 生物接触氧化"工艺处理含聚采油污水试验

胜利油田采油研究院于 2007 年 1 月至 2007 年 3 月采用"磁分离 + 生物接触氧化"工艺在孤五联合站进行了含聚采油污水外排处理试验，也取得了一定的效果(见图 3 - 1 - 5)。

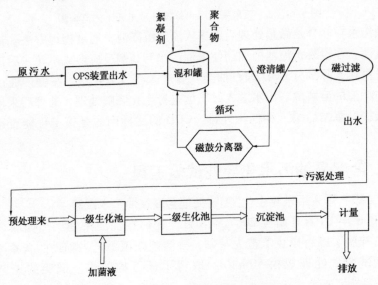

图 3 - 1 - 5　磁分离 + 生物接触氧化法工艺流

具体工艺流程为：含油污水进入 OPS 处理装置后，首先进行旋流平铺分离，同时通入定量的气液混合物，气液混合物中的气体膨胀形成大量微小的气泡(直径 30μm 左右)，在旋流气浮作用下携带部分油滴及悬浮物上浮到水面，剩余的油和悬浮物随污水向下进入正弦形集聚除油系统，在运动过程中微小乳化油珠(直径 1~30μm)经反复碰撞、摩擦，击破油包水或水包油的表面张力，使油水更进一步分离出来，当油粒聚集直径增大到一定程度后(直径 > 25μm)后被小气泡携带上浮至水面，从而被收集送至集油池中，悬浮物(机杂)则沉积在处理槽底部送至集污池中。经过 OPS 处理装置后的出水流入反应混合罐，并投加絮凝剂、聚合物及超细磁粉，在混合罐中絮凝剂、聚合物和磁性加载物混合产生高密度的磁嵌合絮状体，水力停留时间约为 2min。混合物然后流入锥形底的澄清罐中，巨大的密度差使得磁体沉降速度很快，在澄清罐中磁性絮状物夹带着所有固体颗粒迅速沉淀，包括残油，进入系统的污泥层，总水力停留时间约为 8min。然后澄清罐的上清液流入磁过滤器中，利用高梯度磁过滤进一步去除水中的悬浮颗粒物，出水进入生物接触氧化装置进行处理。生物接触氧化处理技术的实质之一是在池内充填填料，已经充氧的污水浸泡全部填料，并以一定的流速流经填料。在填料上布满生物膜，污水与生物膜广泛接触，在生物膜上微生物的新陈代谢作用下，污水中有机污染物得到去除，污水得到净化。降低处理含油污水中 COD 含量就需要针对性地筛选适应该地区采出污水 COD 降解的特殊菌种，在污水中挂膜，形成载体，通过大量曝气使膜上附着的细菌和微生物对污水中的石油类有机物进行降解，分解为水和 CO_2，从而达到去除 COD 的目的。生物接触氧化工艺需不断投加菌液或激活剂，以优化污水中细菌和微生物的生化处理条件，保证污水中细菌的活性，从而保证生化的处理效果。

第二节　大庆油田长垣污水处理工程

自 1996 年开始，大庆长垣油田逐步进入大规模注聚开采阶段。到 2004 年底，喇萨杏油田共安排注聚区块 23 个，为大庆油田保持原油稳产、减缓产量递减速度，做出突出贡献。随着聚驱规模的不断扩大，产注平衡的矛盾日益突出。

为解决剩余采油污水的达标排放问题，大庆油田决定在采油一厂采油五矿建设含油污水达标排放站，即大庆油田长垣含油污水达标排放站，解决采油一厂和采油二厂的剩余采油污水达标排放的问题。

本工程采用"气浮 + 生物接触氧化"工艺，处理含聚采油污水。联合站出水先经过沉降罐，去除浮油和部分固体颗粒物，进入气浮池，去除乳化油和部分聚合物后，进入厌氧水解池。在此池内难以生化降解的长链聚合物等在厌氧菌及兼性菌的作用下，断链成为小分子化合物，从而提高污水的可生化性。厌氧水解池的出水进入接触氧化池进行好氧生物处理，在好氧生物的作用下去除大部分的污染物。最后在二沉池进行固液分离，污泥回流到接触氧化池内，出水达标外排，达到国家《污水综合排放标准》(GB 8978—1996)的二级标准排放。工程于 2006 年 8 月 6 日施工建设，2007 年 8 月 1 日开始投产试运行，设计日处理能力 30000m^3/d。工艺流程图详见图 3 - 2 - 1。

由于本工程来水中含有大量聚合物，而 PAM 是一种生物毒性物质，因此有效去除或者降解 PAM 是本工程顺利达标的关键。

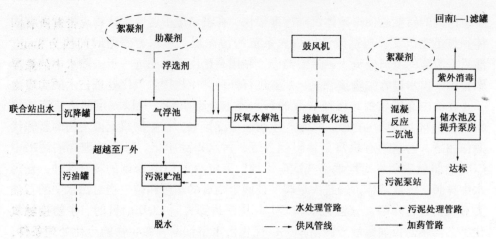

图 3 - 2 - 1   大庆油田长垣污水外排处理站工艺流程图

第三节　冀东油田污水外排处理工程

冀东油田共有高一联和柳一联两个污水处理工程。高一联采油污水生化处理系统采用悬浮、附着厌氧 – 好氧生物处理工艺。2002 年 8 月一期工程投产运行，2006 年二期工程建成投产，实际处理量已达到 $3.25 \times 10^4 \mathrm{m^3/d}$。2003 年在柳一联建成投产污水处理能力为 $1 \times 10^4 \mathrm{m^3/d}$ 的生化处理站。其工艺流程见图 3 – 3 – 1。

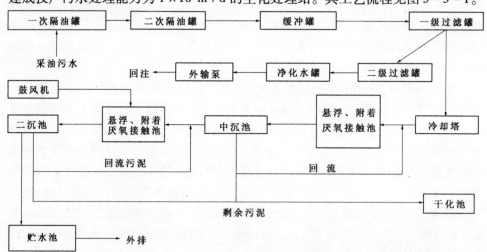

图 3 – 3 – 1　冀东油田悬浮 – 附着厌氧 – 好氧生物接触氧化工艺流程简图

联合站处理后的剩余采油污水经提升泵提升后进入冷却塔冷却，出水进入悬浮、附着厌氧接触池，在此池中进行厌氧水解，提高采油污水的可生化性，出水经中沉池沉淀后进入悬浮、附着好氧接触池，在此池中进行好氧生化反应，降解采油污水中的 COD 等污染物，出水经二沉池沉降后进入贮水池贮存后通过外输泵外排，其中二沉池和中沉池的部分污泥回流入悬浮、附着接触池，剩余的污泥进入干化池处理。

本工程所处理的采油污水为一般采油污水，其中没有聚合物等生物毒性物质，采油污水中氯化物含量约为 3000 ~ 4000mg/L 左右，属于采油污水中比较容易处理的类型。本类采油污水经此工艺处理后其出水能够稳定达到 COD < 100mg/L，石油类 <5mg/L。

第四节　大港油田港东
联合站污水外排处理工程

大港油田港东联合站(东二污)采油污水外排处理工程建于 1999 年 10 月，2002 年进行改扩建，经过试运行稳定后，于 2006 年正式投产。该工程采用生物接触氧化 - 氧化塘工艺，占地面积 $14 \times 10^4 m^2$，设计处理能力 15000m³/d，实际处理量约 10000m³/d。

大港油田整体情况而言，采油污水 COD_{Cr} 一般为 210 ~ 750mg/L，BOD_5/COD_{Cr} 可达 0.5。港东联合站预处理水水温 45℃左右，水中的污染物以 COD 为主，石油类次之，COD 约在 400 ~ 500mg/L，石油类 20mg/L 左右。本工程处理后外排采油污水中 COD 能够达到 100mg/L 以下，石油类能够达到 1mg/L 以下。港东联合站采油污水处理工艺流程如图 3 - 4 - 1 所示。

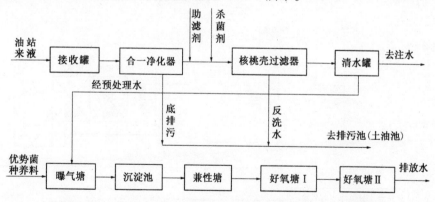

图 3 - 4 - 1　港东联合站外排污水稳定塘生物处理工艺流程简图

预处理工艺：港东联合站内预处理工艺为旋流分离工艺。

调节池：设有隔油板以去除浮油。该设施具有调节水质水量的作用。

生物曝气池：共分为 4 个，每个又分为 4 栏，每栏曝气头约 48 个(12 个 ×4 排)。水流走向为 S 型，以增加停留时间，强化曝气效果。装置采用转盘式曝气装置和不易腐蚀损坏的陶瓷曝气头。加药：据调查 RBC 菌种投加量 2000 ~ 3000mL/d，并且定期人工投撒尿素等营养物质培养菌种。

氧化塘：由 4 个氧化塘组成，分为两级，占地面积 102000m²，占地面积大，停留时间长，抗冲击能力强，对污水中的 COD 降解有重要作用。

第五节　河南油田污水外排处理工程

河南油田稠油联合站和双河联合站的采油污水均采用生物膜酸化水解接触氧化法处理。稠油联合站装置 2004 年投入运行，设计处理能力 3000m³/d，运行水量每天在 2800 ~ 3000m³，双河联合站装置 2001 年投运，设计能力 3000m³/d，目前实际处理量约 600m³/d，处理后污水排放均执行《污水综合排放标准》（GB 8978—1996）中规定的二级标准。

2006 年河南油田环境监测站的监测数据进行统计，河南油田双联和稠联污水进出水水质情况见表 3 - 5 - 1。

表 3 - 5 - 1　河南油田污水处理工程进出水水质情况一览表　单位：mg/L

污染物名称	COD	石油类	悬浮物	硫化物
进水指标平均值	329.1	28.78	193.4	23.94
出水指标平均值	120.1	6.13	102.1	4.25
污染物去除率/%	63.50	78.70	47.20	82.25

河南油田双联和稠联采油污水处理工程的工艺流程见图 3 - 5 - 1。

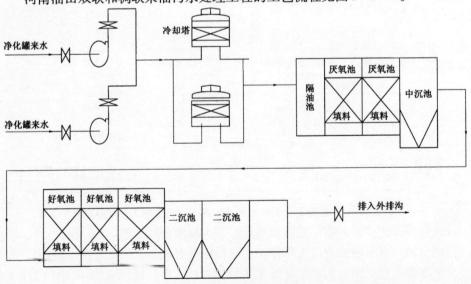

图 3 - 5 - 1　生物膜酸化水解生物接触氧化法工艺流程图

　　具体的工艺流程为：采油污水经联合站预处理后，进入冷却塔冷却降温，冷却后的采油污水进入隔油池进行物理隔油，后进入厌氧池进行酸化水解，将难降解的有机物水解成小分子物质，提高采油污水的可生化性。厌氧池出水进入中沉池进行沉淀，经沉淀后的采油污水溢流进入好氧池，在好氧池内进行生化反应，好氧池出水进入二沉池进行沉淀，上清液溢流排入外排沟进行排放。厌氧池和好氧池中充填了弹性填料，作为微生物附着的载体。中沉池和二沉池中沉淀的活性污泥部分回流至厌氧池和好氧池，剩余部分排入干化池处理后集中处置或综合利用。

第四章
粉煤灰在处理采油污水中的应用

第一节 粉煤灰处理采油污水的动力学研究

粉煤灰是一种比表面积很大的物质，吸附性能良好，若将其用于采油废水的预处理，借助其吸附性能吸附去除采油废水中的 COD、石油类等有机污染物，将非常有利于后续生物处理，由于粉煤灰本身为固体废物，既可以降低废水的处理成本，又可以达到以废治废和废物综合利用的目的。为此，开展了粉煤灰吸附处理采油废水的吸附能力和吸附机理以及氧化塘处理采油废水的机理研究，同时，胜利油田现河采油厂利用胜利发电厂粉煤灰作为预处理工艺，取得了显著的效果。

物质自一相内部富集于两相界面的现象即称吸附现象，吸附现象在各种界面上皆可发生。在污水处理中，应用吸附来去除污水中的污染物质，一般都是通过固液界面的吸附作用来实现的。

1. Gibbs 吸附公式

Gibbs 吸附式如下：

$$a = -\frac{C}{RT} \cdot \frac{\mathrm{d}\gamma}{\mathrm{d}C} \qquad (4-1-1)$$

式中　C——溶质在溶液主体中的浓度；

　　　a——吸附剂表面比溶液主体中所超过的溶质浓度；

　　　γ——表面张力；

　　　R——气体常数；

　　　T——绝对温度。

由上式可知，如果某溶质能降低溶液的表面张力，则 $\mathrm{d}\gamma/\mathrm{d}C$ 为负值，a 为正值，产生正吸附；如某溶质能增加溶液的表面张力，则 $\mathrm{d}\gamma/\mathrm{d}C$ 为正值，a 为负值，产生负吸附，表面不仅不吸附溶质，反而有排斥作用。

Gibbs 吸附公式 1875 年问世，以后的几十年中，人们应用此公式计算表面吸附量，取得了很多有意义的成果，特别是 20 世纪 30 年代 MCBain 等人采用"表面刮皮法"以及 20 世纪 50 年代以后采用放射性同位素的"示踪法"测得表面吸附量验证了 Gibbs 公式的正确性，从而确立了 Gibbs 公式在吸附领域的公认地位。

Gibbs 公式对固液界面吸附也是有效的。虽然无法用简单方法直接测定固体的表面张力或固液界面张力，导致在固体上的吸附不能从固液界面张力的变化来计算。但是固体自溶液中的吸附是可以直接测定的：将一定量的固体与一定量浓度一定的溶液一同振摇，待达到平衡后，再测定溶液的浓度，从浓度的改变即可计算出每克固体所吸附的溶质的量。此种计算假设溶剂未被吸附，对于稀溶液是适合的。

2. 吸附类型及吸附动力学

吸附力可分为三种，即分子引力（范德华力）、化学键力和静电引力，因此吸附可分为：物理吸附、化学吸附和离子交换吸附（或离子对吸附）三种类型。

（1）物理吸附

由于分子间引力产生的吸附过程称为物理吸附。物理吸附是放热反应，在低温下就能进行。物理吸附基本无选择性，一种吸附剂可吸附多种吸附质，但吸附量可能不同。物理吸附可形成单分子吸附层或多分子吸附层。被吸附的分子由于热运动还会离开吸附剂表面，即解吸，这是吸附的逆过程。

（2）化学吸附

由于化学键力发生了化学作用而产生的吸附称为化学吸附。化学吸附热较大，一般在高温下进行。化学吸附具有选择性，一种吸附剂只能对某种或几种吸附质发生化学吸附。化学吸附只能形成单分子吸附层。当化学键力较大时，化学吸附是不可逆的。

（3）离子交换吸附（或离子对吸附）

吸附剂固体表面的反离子被同电性的吸附质离子所取代的吸附称为离子交换吸附；吸附质离子吸附于具有相反电荷的、未被反离子占据的吸附剂表面的吸附称为离子对吸附。离子所带电荷越多，吸附作用越强；电荷相同的离子，水化半径越小，越易被吸附。

在水处理中发生的大多数的吸附现象往往是上述三种吸附作用的综合作用的结果，由于吸附剂、吸附质及其他因素的影响，可能某种类型吸附是主要的。

（4）吸附动力学

溶液中的吸附质被吸附的传质过程可以分为三步：吸附质从溶液主体扩散到吸附剂外表面（外扩散）→吸附质由吸附剂颗粒的外表面，经颗粒内的细孔扩散到颗粒的内表面(内扩散)→吸附质在吸附剂的内表面上被吸附。

试验表明,颗粒外部扩散速率与溶液浓度、颗粒外表面积、颗粒粒径和搅动程度有关。颗粒内部扩散速率与吸附剂颗粒的粒径、内部细孔的大小及构造有关。吸附剂颗粒的大小对外部扩散和内部扩散都有很大影响,颗粒越小,吸附速率就越快。

3. 吸附等温线

当吸附质在吸附剂表面达到动态平衡时,即吸附速率等于解吸速率时,吸附质在溶液和吸附剂中的浓度都不再改变,此时吸附质在溶液中的浓度称为平衡浓度。

吸附剂的吸附量 $q(\mathrm{g/g})$ 以下式计算:

$$q = \frac{V(C_0 - C)}{m} \qquad (4-1-2)$$

式中　V——溶液体积,L;

C_0——原溶液中吸附质浓度,g/L;

C——吸附平衡时溶液中剩余的吸附质浓度,g/L;

m——吸附剂投加量,g。

在一定温度时,吸附量与溶质浓度之间的平衡关系曲线称为吸附等温线。通过吸附等温线可以比较一种吸附剂对不同吸附质或不同吸附剂对同一吸附质的吸附效率和所能达到的最大吸附程度,为吸附剂和吸附质的特性研究和吸附作用的实际应用提供科学依据。

(1) 单组分吸附剂对单溶质吸附等温线和吸附等温式

经典的固液吸附等温线多是对单组分吸附剂与单溶质间存在的吸附规律的描述,但它是研究复杂体系中固液界面吸附的基础,常见的单组分吸附剂对单溶质吸附等温线如图 4-1-1 所示。

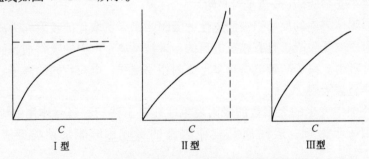

图 4-1-1　常见单组分吸附剂对单溶质吸附等温线

吸附等温线的试验数据常用曲线拟和的方法写成公式的形式,所得到的公式称为吸附等温式。常见的单溶质吸附等温式有以下三个。

A. Langmuir 公式

$$q = \frac{abC}{1 + aC} \tag{4-1-3}$$

式中 q、C 同式(4-1-2);

a、b——常数。

该公式是从动力学观点出发，通过一些假设条件，而推导出来的，但是固体吸附剂表面几乎不可能完全均匀，也很难保证只发生单分子层吸附，因此该公式为经验公式。该公式对应的吸附等温线为图 4-1-1 的 I 型。

B. Freundlich 公式

$$q = K \cdot C^{\frac{1}{n}} \tag{4-1-4}$$

式中 q、C 同式(4-1-2);

K、n——常数。

在双对数坐标纸上，可得到一条近似的直线。由于 Freundlich 公式形式简单，便于与吸附过程的数学模型结合，故在水处理中通常浓度下，该公式获得普遍应用。该公式对应的吸附等温线为图 4-1-1 的 III 型。图 4-1-2 给出在双对数坐标纸绘出的一些有机化合物的吸附等温线。虽然这个图是用许多人的研究成果综合而成的，吸附剂为不同的活性炭，试验方法也不同，但可以反映吸附等温线的一般趋向。图中用阴影表示的带状曲线是企图用来表示这些化合物吸附性能的一般的代表吸附等温线形状。

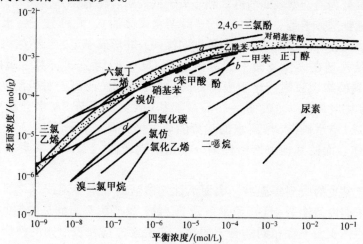

图 4-1-2 几种化合物的吸附等温线

a—(二)正邻苯二甲酸二丁酯; b—双-(a-二氯乙基)醚;

c—邻苯二甲酸二甲酯; d—二溴氯甲烷

C. BET 公式(Brunauer、Emmett 及 Teller 公式)

BET 公式是表示多分子层吸附的吸附模式，各层的吸附符合 Langmuir 单分子层吸附公式。BET 公式为：

$$q = \frac{BCq_0}{(C_s - C)[1 + (B-1)(C/C_s)]} \tag{4-1-5}$$

式中　q、C 同式（4-1-2）；

　　　　q_0——单分子吸附层的吸附量，g/g；

　　　　C_s——吸附质的饱和浓度，mg/L；

　　　　B——常数。

该公式对应的吸附等温线为图 4-1-1 的 Ⅱ 型。

（2）表面活性剂溶液的吸附等温线

在石油开采和采出液的分离过程中，根据不同需要会投加性质不同的表面活性剂，这就使得采油污水中含有表面活性剂，采油污水属于含有表面活性剂的溶液。

具有很强表面活性的物质称为表面活性剂，加入很少的量就能大大降低溶剂（一般为水）的表面张力或液液界面的张力，改变体系界面状态，从而产生润湿或反润湿、乳化或破乳、起泡或消泡以及增溶等一系列作用。在实际中应用的表面活性剂品种繁杂，但根据表面活性剂的化学结构特点可简单归纳为：表面活性剂的分子可以看作是在一个碳氢化合物（烃）分子上加 1 个（或 1 个以上）极性取代基而构成的。此极性取代基可以是离子，也可以是不电离的基团；由此即可将表面活性剂分为离子型表面活性剂和非离子型表面活性剂。

表面活性剂分子是一种两亲分子（既亲水又亲油），此种分子在水溶液体系的表面或界面相对于水而采取独特的定向排列，并形成一定的组织结构。

表面活性剂在固体表面上的吸附遵循 Gibbs 吸附公式。对于吸附类型除前面已提到的物理吸附、化学吸附和离子交换吸附（或离子对吸附）外，还存在"憎水作用吸附"，即表面活性剂亲油基（碳氢链部分）在水介质中易于相互连接形成"憎水键"与逃离水的趋势随浓度增大到一定程度时，有可能与已吸附于固体表面的其他表面活性剂分子聚集而吸附，或即以聚集状态吸附于表面。

相对于常见的吸附等温线，表面活性剂溶液的吸附等温线呈多种形状。例如，在如下假设条件下：①吸附是单分子层的；②吸附剂表面是均匀的；③溶剂和溶质在固体表面上有相同的分子面积；④溶液内部和表面相的性质皆为理想的，即在其中无溶质与溶质或溶质与溶剂分子间作用，可以推导出表面活性剂在固液界面上的吸附等温线为 Langmuir 型。虽然在实际体系中不完全具备上述条件，可在实际测试中，发现有些表面活性剂溶液的吸附符合 Langmuir 吸附等温线，这可能是实际体系非常复杂，某些作用相互抵消而出现了表观上理想的情况，如图 4-1-3 和图 4-1-4 所示。

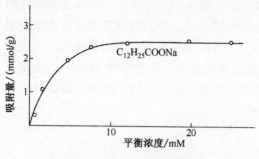

图 4-1-3　十二烷基磺酸钠
在 BaSO$_4$ 上的吸附等温线

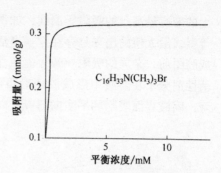

图 4-1-4　C$_{16}$H$_{33}$N(CH$_3$)$_3$Br
在炭黑上的吸附

由于表面活性剂是一极性的、不对称的"两亲分子"，其溶液性质与理想溶液相差甚远。在表面活性剂溶液中，下列影响值得重视：

① 溶液表面活性剂形成胶团。表面活性剂的浓度达到临界胶束浓度(亦称CMC)时，由于其本身结构特点，易形成胶团。胶团的形成致使表面活性剂的活度不再随浓度的增加而有显著增大，于是吸附等温线趋向于变平。

② 界面电荷有明显的影响。若界面电荷与表面活性剂离子同号，则吸附减少，吸附等温线斜率降低；若电性相反，则吸附增加而等温线斜率变大。

③ 吸附剂表面的不均匀性导致的等温线的形式与气体多层吸附(BET)相似。如图 4-1-5 和图 4-1-6 所示。

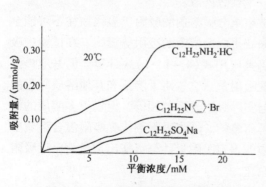

图 4-1-5　表面活性剂在氧化铝
上的吸附等温线

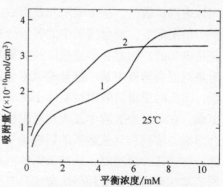

图 4-1-6　表面活性剂在石墨化
炭黑上的吸附等温线
1—C$_{12}$H$_{25}$SO$_4$Na；2—C$_{12}$H$_{25}$OC$_2$H$_4$SO$_4$Na

④ 分子间侧向相互作用使得吸附等温线的斜率变得更陡，吸附等温线容易呈现为 S 形或"台阶"。

此外，杂质的存在也往往使吸附等温线异常，表现出多层吸附或出现最大值。如 B. Tamamushi 和 H. J. White 分别研究了表面活性剂分子在石墨和胶黏纤维上的带有最高点的吸附等温线，如图 4-1-7 和 4-1-8 所示，并认为这种吸附等温线最大值的出现是存在少量高活性杂质的结果。表面活性剂分子在溶液中形成胶团前，杂质的吸附导致表面活性剂分子在固液界面上的吸附量偏大。当表面活性剂分子在溶液中形成胶团后可将杂质加溶其中，使杂质在溶液中的浓度下降，固液界面吸附的平衡向解吸方向移动，因而吸附等温线上便形成最高点。

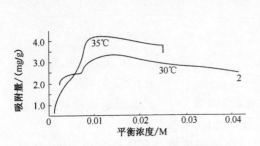

图 4-1-7　$C_{13}H_{27}COOK(1)$ 和
$C_{12}H_{25}SO_4Na(2)$ 在石墨上的吸附等温线

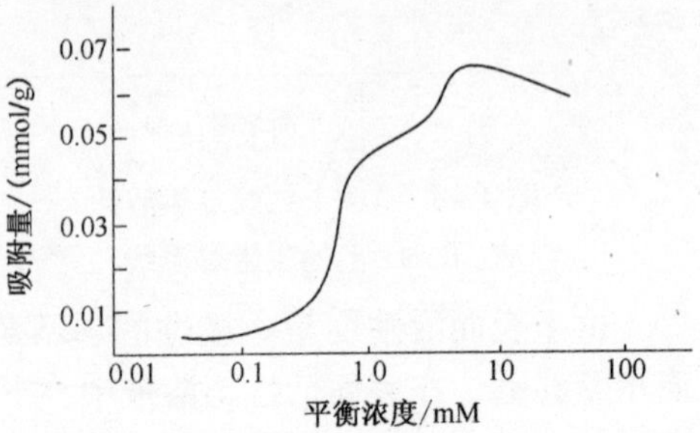

图 4-1-8　$C_{16}H_{33}N(CH_3)_3Br$
在黏胶纤维上的吸附等温线

（3）单组分吸附剂对混合溶质的吸附等温线

当混合溶质中的几种化合物的吸附等温线已知时，可利用理想溶液吸附理论得出由这些化合物混合组成的溶液的合成吸附等温线。当溶质物种在温度和界面铺展力（溶液的表面张力与水的表面张力的差值）恒定的条件下从溶液中同时向固体表面扩散时，这个吸附相就形成一个理想溶液。

但实际上，混合溶质中的各组分被单组分吸附剂的吸附等温线往往不可能全部是已知的，因此必须通过试验数据来获得混合溶质的吸附等温线。在试验中吸附剂对混合溶液中某一组分的吸附量仍是应用式（4-1-2）来计算。但是应该注意：①此时求得的吸附量实际上是表观吸附量，它忽略了溶剂和其他溶质吸附的影响；在单溶质溶液中，表观吸附量与实际吸附量近似相等，但对于多溶质的混合溶液，溶剂和其他溶质的影响是不可忽略的。②当吸附剂优先吸附混合溶质中的一种或几种溶质时，未被吸附的溶质的表观吸附量甚至可能出现负值。③吸附剂的某些可溶性杂质使得溶液成分复杂化。

（4）多组分吸附剂对混合溶质的吸附等温线

在自然界和人类生产及生活中，固液界面吸附的大部分不是一种吸附剂对一种吸附质的吸附作用，而是复杂组分吸附剂（如土壤、河流底泥和粉煤灰等）对复杂组分吸附质的吸附作用。这种复杂体系和众多影响因素造成了固液界面吸附等温线构型的多样性。

最早研究混合溶质吸附的是 Freundlich，他用炭吸附水中的丁二酸和草酸，发现二者之吸附量皆较它们单独存在时少。他认为这是顶替作用的结果。傅鹰等的研究结果表明，有些体系不能用直接顶替机制解释，从而提出间接顶替的机制。

沈学优等人在进行"表面活性剂对极性有机物在沉积物上吸附的影响"试验中发现：十二烷基硫酸钠（SDS）、Triton X - 100（TX100）和 Brij30 对苯酚在沉积物的影响规律是：表面活性剂浓度低于其临界胶束浓度（CMC）时，增大苯酚在沉积物上的吸附量；表面活性剂浓度高于其 CMC 时，减小苯酚在沉积物上的吸附量。当表面活性剂浓度约为 0.3 倍 CMC 时，苯酚的吸附等温线发生拐折（见图4 - 1 - 9）。

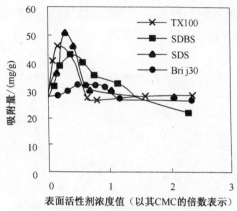

图 4 - 1 - 9　等初始浓度苯酚的吸附量与表面活性剂浓度的关系

魏宏斌等人研究了 SDS 和 CPB 混合溶液在高岭土等物质表面的吸附，SDS 和 CPB 在多组分溶液中的吸附等温线相比在自己单组分的溶液中的吸附等温线均有较明显的变化（见图 4 - 1 - 10）。他们认为阴、阳离子表面活性剂在其混合溶质溶液中存在强烈的相互作用，与单一表面活性剂离子相比，增加了碳氢链间的相互作用和正负电荷间的引力，促进表面活性剂离子缔合并形成胶团，最终增加了每一部分在固体表面的吸附量。

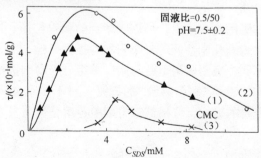

图 4 - 1 - 10　SDS 和 CPB 自其混合水溶液中在高岭土上的吸附[103]
（1）—SDS 自其单组分水溶液中在高岭土上的吸附；（2）—SDS 自固定 CPB 起始浓度为 4×10^{-4} mol/L 混合水溶液中在高岭土上的吸附；（3）—混合溶液中相应的 CPB 在高岭土上的吸附

从上述的研究中可以看出，仅仅将吸附质由二组分溶液（溶剂加溶质）增加为两种溶质和一种溶剂的混合溶液，每种溶质的吸附等温线就发生了明显的变化，对于组分更加复杂的液相体系，吸附等温线会发生何种程度的变化就必须通过试验来研究。

（5）有机物替代参数表征的吸附等温线

当污水中含有多种有机物时，有条件时可以检测各种污染物的浓度，但在一般情况下，则只能用 COD 或其他参数代表该种污水有机污染的程度。例如，日本研究人员应用活性炭吸附处理某合成洗涤剂厂的烷基苯磺酸盐（ABS）污水时，分别测定污水中的 ABS 和 COD 的吸附曲线（见图 4 - 1 - 11）。

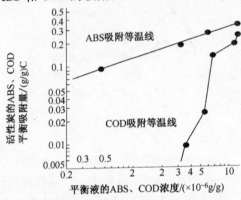

图 4 - 1 - 11　活性炭对 COD 和 ABS 的吸附等温线

从图 4 - 1 - 11 中可以看出，不同的表征方法，所得到吸附等温线构型差异较大。

4. 影响吸附的主要因素

影响吸附的因素很多，其中主要有吸附剂的性质、吸附质的性质、溶剂的性质和吸附过程的操作方式等。

（1）吸附剂的性质

由于吸附发生在吸附剂表面上，所以吸附剂的颗粒粒径、比表面积、内部细孔构造及分布和颗粒表面化学性质等对吸附均有很大影响。

吸附剂的种类不同，吸附效果也就不同。单组分吸附剂极性与单组分吸附质的极性对吸附的影响，遵循"相似易吸"的原则；对于多组分吸附剂对单组分吸附质或混合溶质的吸附的影响，应根据吸附剂中各组分性质及它们间的相互影响进行分析。

（2）吸附质的性质

A. 溶解度

吸附质在污水中的溶解度对吸附有较大的影响。一般来说，吸附质的溶解度越低，越容易吸附。

B. 界面自由能

能够使固液界面自由能降低得越多的吸附质，越容易被吸附。

C. 极性

单组分吸附质的极性与单组分吸附剂的极性对吸附的影响同样遵循"相似易吸"的原则。多组分溶质与单组分吸附剂或多组分吸附剂的吸附受分子极性的影响较为复杂，应综合分析。

D. 吸附质分子的大小与不饱和度

大分子化合物分子量大，扩散慢，达到吸附平衡所需的时间长。对于细孔、大孔或无孔的吸附剂，吸附质分子量的增加对吸附量的影响是不同的。例如，活性炭与沸石相比，前者易吸附分子直径较大的饱和化合物，而后者易吸附分子直径小的不饱和化合物(如—C═C—或—C≡C—系化合物)。

a. pH

污水中的 pH 值对吸附剂和吸附质的性质有影响，因而 pH 影响吸附。活性炭一般在酸性溶液中比在碱性溶液中有较高的吸附量。

另外，pH 对吸附质在水中状态(分子、离子、络合物等)和溶解度有时也有影响，因此而影响吸附效果。

b. 温度

对于物理吸附过程，温度升高吸附量减小，反之吸附量增加。温度对其他类吸附的影响则应通过试验求得。

c. 吸附反应时间

达到吸附平衡所需的时间，取决于吸附速率。吸附速率大，则达到吸附平衡所需的时间就短。

d. 吸附过程操作方式

在污水处理中，吸附操作分为静态和动态两种，动态的吸附效果优于静态。

第二节　粉煤灰的室内试验

粉煤灰的物理和化学性质决定其吸附能力，因此必须首先检测粉煤灰的物理和化学性质，并在此基础上，进行实验室小试，探索粉煤灰对 COD 吸附特性、吸附操作方式和被吸附污染物质在贮灰层中的迁移转化规律，为现场试验方案和操作参数的确定提供依据。

一、试验材料与方法

(1) 试验用灰

取自胜利电厂的粉煤灰。

（2）试验用水

取自胜利油田现河首站的实际采油污水。

（3）检测项目与方法

① 粉煤灰外观及微生物组成研究：采用中国科学院微生物所的扫描电子显微镜（SEM）观察。

② 粉煤灰比表面积、平均孔径和总孔容积：采用清华大学高速比表面与孔隙度分析仪测试。

③ 粉煤灰化学组成：北京大学地球与空间科学院研究试验中心测试。

④ COD 浓度：水样经过滤后，采用 TL-1A 型污水 COD 速测仪消解，再用 UV-755B 型紫外分光光度计（测定波长 610nm）测定消解后水样的吸光度，然后从吸光度-COD 浓度的标准曲线上查出 COD 浓度。

二、粉煤灰的基本性质

胜利电厂烟道电除尘器收集的煤灰大部分被其他行业取走它用，少部分与炉膛排出的炉渣混合排出电厂，俗称电厂粉煤灰。胜利电厂粉煤灰中的煤灰与炉渣的质量比为 7：3。粉煤灰随冲灰水一起进入电厂贮灰场堆放。吸附去除胜利油田现河首站采油污水中污染物的吸附剂为胜利电厂排出的煤灰与炉渣的混合物。因此，有必要对胜利电厂的粉煤灰的物理化学性质进行检测。

1. 物理性质

（1）颜色和形状

胜利电厂排出的粉煤灰中煤灰呈灰色，颗粒较细并呈粉状；炉渣为深灰色，颗粒较大且形状不规则。由粉煤灰扫描电镜照片（见图 4-2-1），可以清晰地看出，胜利电厂粉煤灰样品明显由两部分组成：形状较为规则并呈圆形的为煤灰，形状不规则且表面有较多空洞的为炉渣。

图 4-2-1　胜利电厂粉煤灰扫描电镜照片

（2）沉降性质

分取 280g 煤灰、120g 炉渣与 400mL 蒸馏水完全混合，灰水混合物倾入 1000mL

量筒内，记录不同时间对应的浑液面的位置，以此绘制沉降曲线见图4-2-2。

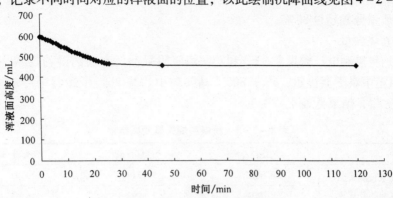

图4-2-2 粉煤灰沉降曲线

从图4-2-2可以看出，粉煤灰沉降性质较好，25min左右就沉淀完全。

（3）粉煤灰的比表面积、平均孔径和总孔容积

清华大学高速自动化比表面与孔隙度分析仪对胜利电厂粉煤灰的比表面积、平均孔径和总孔容积进行检测，结果见表4-2-1。

表4-2-1 胜利电厂粉煤灰的比表面积、平均孔径和总孔容积

	比表面积/(m^2/g)	平均孔径/Å	总孔容积/(mL/g)
炉渣	1.345×10^{-1}	1.338×10^2	4.500×10^{-4}
煤灰	1.103×10^0	8.148×10^1	2.248×10^{-3}

从表4-2-1可以看出，煤灰的比表面积比炉渣的要大，胜利电厂粉煤灰中煤灰与炉渣的比例为7:3，因此其粉煤灰的比表面积按式（0.1345×0.3+1.103×0.7）折算，只有0.812m²/g，远小于水处理中常用的粒状活性炭的比表面积（500～1000m²/g）。炉渣的平均孔径比煤灰的大，但炉渣总孔容积比煤灰的小。

2. 化学性质

（1）化学组成

北京大学地球与空间科学学院研究试验中心对胜利电厂粉煤灰的化学组成检测，结果见表4-2-2。

表4-2-2 粉煤灰化学组成

检测项目	SiO_2	Al_2O_3	Fe_2O_3	CaO	MgO	K_2O
炉渣/%	53.23	30.05	9.91	2.29	0.72	0.13
煤灰/%	51.96	30.58	7.54	2.37	0.73	0.04
检测项目/%	Na_2O	MnO	TiO_2	P_2O_5	LOI	
炉渣/%	0.24	1.12	1.56	0.69	0.48	
煤灰/%	0.26	1.15	1.48	0.98	2.44	

从表 4 - 2 - 2 可以看出，胜利电厂粉煤灰的主要成分为 SiO_2 和 Al_2O_3，二者总和的质量分数超过 80%。

（2）烧失量

分别将胜利电厂粉煤灰（干）和贮灰场吸附采油污水后的湿粉煤灰，先置于 105℃ 烘箱中烘干至恒重，再于 800℃ 马弗炉中灼烧 2h，干燥器中冷却至室温，恒重后称量，结果见表 4 - 2 - 3。

表 4 - 2 - 3　粉煤灰烧失量测试结果

	灼烧前/g	灼烧后/g	烧失量/%
贮灰场未吸附采油污水前的湿灰	6.0075	5.7714	3.93
	8.0331	7.5792	5.65
贮灰场吸附采油污水后的湿灰	14.5887	13.9748	4.21
	23.8356	22.4854	5.66
	16.2788	15.4180	5.29
	15.9515	14.9701	6.15

从表 4 - 2 - 3 中可以看出，胜利电厂贮灰场粉煤灰平均烧失量为 4.79%；而吸附采油污水后的湿粉煤灰，烧失量略有升高，为 5.33%，其主要原因是粉煤灰截流吸附采油污水中的有机物所致。

3. 吸附速率、影响因素和吸附等温线

（1）吸附速率

为了检测胜利电厂的煤灰、炉渣及粉煤灰对采油污水中有机污染物的吸附速率，分别配制吸附剂总重为 10g 的 3 个不同组分的试样，3 个试样分别与 300mL 同一种采油污水混合于 500mL 锥形瓶中，参数见表 4 - 2 - 4，再将锥形瓶放置在摇床内恒温振摇，温度 35℃，搅拌强度 120r/min。测得的 COD 浓度对时间的变化曲线。

表 4 - 2 - 4　吸附速率试验参数

编　号	煤灰/g	炉渣/g	采油污水/mL
1#	10	0	300
2#	0	10	300
3#	7	3	300

从图 4 - 2 - 3 中可以看出，三条曲线中 COD 浓度的变化均可以分为两个阶段：第一阶段是振摇开始后的 2 ~ 3h 内，COD 浓度数值不降反而升高；第二阶段是振摇 3h 后，COD 浓度随振摇时间的延长而不断下降。

粉煤灰与采油污水振摇混合后的前 2 ~ 3h 内，液相 COD 浓度不降反而上升的原因可能是粉煤灰中未燃烧完全的碳和一些可显示 COD 的其他组分在该阶段溶出的数量大于吸附剂吸附去除的 COD 值，故导致液相 COD 值高于原采油污水。

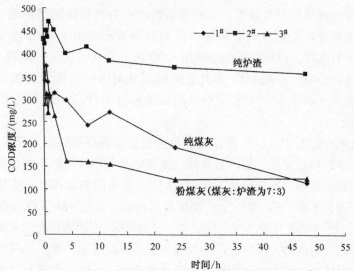

图 4 – 2 – 3　粉煤灰对采油污水中 COD 的吸附速率曲线

为了验证这一分析，以蒸馏水代替采油污水，其他试验参数同上述试验的 3#，结果见图 4 – 2 – 4。

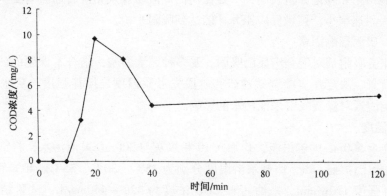

图 4 – 2 – 4　粉煤灰对蒸馏水中 COD 的吸附速率曲线

从图 4 – 2 – 4 中可以看出，将 10g 粉煤灰投加到 300mL 的蒸馏水中，随着振摇的开始，前 10min 内，液相 COD 浓度为 0mg/L，与对照样（蒸馏水）的 COD 浓度相同，10min 后 COD 浓度逐渐上升，至 20min 达到最大值，同样表现出粉煤灰中有显示 COD 物质的溶出，随着时间的延长，液相中显示 COD 的组分又被粉煤灰所吸附，最终达到平衡。

上述两个试验表明，粉煤灰与水（污水或蒸馏水）混合后，粉煤灰中有显示 COD 物质的溶出和粉煤灰对有机物的吸附共同作用导致液相 COD 浓度呈先升后降的规律。而图4-2-3和图4-2-4中两个曲线的差异说明，干粉煤灰与采油污水混合后的润湿过程吸水，导致采油污水中有机污染物被浓缩，而与蒸馏水混合后虽也存在粉煤灰润湿吸水，但不会导致蒸馏水 COD 浓度上升，因此图4-2-4的曲线，出现初始10min 的 COD 浓度为 0 的状况；而图4-2-3的曲线对应的试验中，液相 COD 上升发生时间相对滞后的原因是被润湿后的吸附剂对采油污水中显示 COD 物质的吸附和吸附剂中显示 COD 物质的溶出共同作用的结果。

在上述两个试验中，COD 浓度达到最大值后又随振摇时间的延长不断下降。在图4-2-3对应试验中，相同数量相同浓度的采油污水与由不同比例煤灰与滤渣组成的吸附剂相混合反应，液相 COD 浓度变化不同的原因是：炉渣比表面积较小，对采油污水中 COD 吸附量比煤灰要低许多，反应48hCOD 吸附去除率仅为17.54%，而当煤灰与炉渣混合使用时，其对 COD 去除率较纯煤灰的高，这表明以纯煤灰做吸附剂时，振摇作用使纯煤灰更易黏结成团，团块中间的煤灰几乎没有发挥吸附作用；而在煤灰中掺入一定量的炉渣，可防止煤灰黏结成团，同时炉渣具有较大的表面孔径，振摇后处于煤灰的包埋中，使吸附在煤灰表面的有机物，易于向中间煤灰表面迁移。

试验结果和理论分析表明，一定比例的炉渣与煤灰相混合后具有更大的吸附能力；吸附速率小，接触反应48h 才能达到吸附平衡。

（2）吸附影响因素

多组分吸附剂对混合溶质的吸附，受多种因素影响，结合本课题的研究目的和应用背景，决定在实验室试验研究阶段先考察温度、搅拌强度、灰水比、pH值等影响因素对煤灰吸附采油污水的影响。

A. 温度

取 3 个 500mL 的锥形瓶，均加入 10 粉煤灰与 300mL 采油污水，将锥形瓶置于摇床中恒温振摇48h，调整水浴温度分别为 25℃、30℃、35℃、40℃和45℃，其中搅拌强度 120r/min、采油污水 COD 浓度为 420 ~ 440mg/L，试验结果见图4-2-5。

从图4-2-5可知，温度为 35℃时，COD 吸附去除率最大，如若将 25℃与 35℃时吸附情况与 45℃时相对照，显示出温度低时，有利于吸附的趋势，亦即粉煤灰与采油污水间的吸附以物理吸附为主。但由于粉煤灰和采油污水均由多组分物质组成，相互间肯定还存在化学吸附和离子对吸附作用。以上几种作用综合结果使温度影响曲线出现最大值点。

B. 搅拌强度

取 3 个 500mL 的锥形瓶，均加入 10g 粉煤灰与 300mL 采油污水，将锥形瓶置于摇床中恒温振摇 48h，搅拌强度分别为 40r/min、60r/min、80r/min、100r/min 和 120r/min，温度 35℃，采油污水 COD 浓度为 420～440mg/L，试验结果见图 4-2-6。

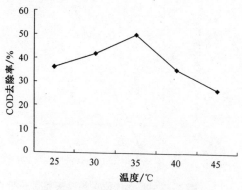

图 4-2-5　温度对粉煤灰吸附采油污水 COD 去除率的影响

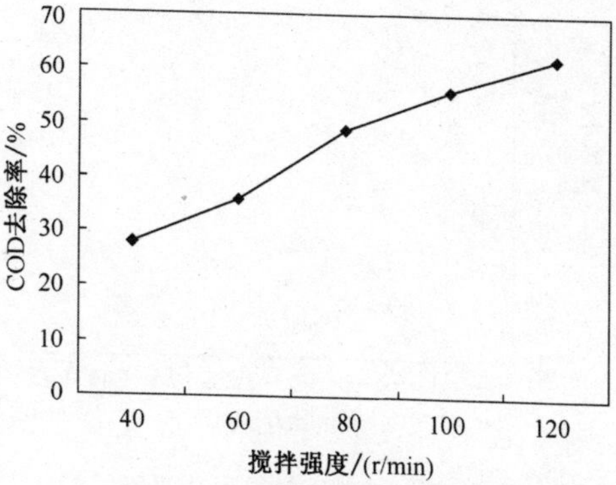

图 4-2-6　搅拌强度对粉煤灰吸附采油污水 COD 去除率的影响

从图 4-2-6 可以看出，搅拌强度越大，吸附去除率越大。这是由于搅拌强度大，可以增加吸附剂与吸附质之间碰撞几率。强烈的搅拌又使固液界面液膜变薄，加速外扩散传质步骤的完成。

C. 灰水比

取 8 个 500mL 的锥形瓶，均加入 300mL 的采油污水，再分别加入 30g、20g、15g、12g、10g、8.57g、7.5g 和 6.67g 粉煤灰，即粉煤灰与采油污水的灰水比（g/mL）分别为 1:10、1:15、1:20、1:25、1:30、1:35、1:40 和 1:45，将锥形瓶置于摇床中恒温振摇 48h，温度 35℃、搅拌强度 120r/min、采油污水 COD 浓度为 420～440mg/L，试验结果见图 4-2-7。

从图 4-2-7 可以看出，在灰水比值小于 1:15 时 COD 的去除率随灰水比值的不断减小而逐步增大，当灰水比为 1:35 时 COD 的去除率达到最大值（62.9%），之后随着灰水比值的减小 COD 的去除率又逐步减小。相关文献和本课题先前研究表明：干煤灰与溶液接触后，润湿耗水，使溶质浓度变大。粉煤灰可向溶液释放显示 COD 的物质。粉煤灰在液相中的分散度与灰水比相关。图 4-2-7 的曲线是以上几方面因素综合效应的体现。

D. pH 值

取 3 个 500mL 的锥形瓶，均加入 10g 粉煤灰和 300mL 采油污水，将锥形瓶置于摇床中恒温振摇 48h，用药剂调整 3 个锥形瓶内溶液 pH 值分别为 4、7 和

10，温度35℃，搅拌强度120r/min，采油污水COD浓度为420～440mg/L，试验结果见图4-2-8。

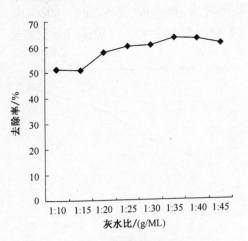

图4-2-7　灰水比对粉煤灰吸附采油
污水COD去除率的影响

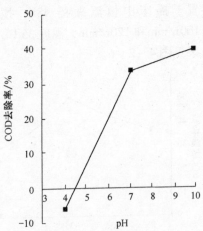

图4-2-8　pH值对粉煤灰吸附采油
污水COD去除率的影响

从图4-2-8可以看出，pH越高，粉煤灰吸附对采油污水中COD的去除率越大。当pH值为4时，煤灰对采油污水中的COD不吸附，反而显示为煤灰对COD的负吸附。其主要原因是粉煤灰主要成分为Al_2O_3和SiO_2，它们在水中均有一个表面电荷零电势点（PZC），当溶液pH＜PZC时，表面显正电；当溶液pH＞PZC时，表面显负电。据报道，Al_2O_3的PZC＝5.0，SiO_2的PZC＝2～3.7。因而当pH为7和10时，粉煤灰表面显负电，同时在碱性条件下，一部分Al_2O_3和SiO_2与碱发生反应，一方面增加了粉煤灰的比表面积，另一方面还会生成具有絮凝作用的物质，使得pH为10时吸附去除效果最好。在pH为4时，Al_2O_3表面显正电而SiO_2表面显负电，吸附剂中两个主要组分的表面电荷相反，直接影响溶剂和部分溶质在吸附剂表面上的吸附。

通过以上吸附影响因素试验研究，可以初步确定煤灰吸附采油污水COD的较优操作条件是：温度为35℃，搅拌强度为120r/min，灰水比为1:35，pH为10，接触反应时间为48h。

（3）吸附等温线

将采油污水与蒸馏水以一定比例混合，混合液COD浓度为14～220mg/L，分别取含不同浓度COD的混合液300mL与10g粉煤灰，加到8个500mL锥形瓶中，并置于摇床中恒温振摇48h，pH值为10，温度35℃，搅拌强度120r/min，试验参数及结果见表4-2-5。

表4-2-5　吸附等温线试验参数及结果

序　号	粉煤灰/g	采油污水稀释倍数	吸附前COD浓度/(mg/L)	吸附后COD浓度/(mg/L)	去除率/%
1#		2	215.72	79.21	63.28
2#		3	143.81	44.36	69.15
3#		5	86.29	64.28	25.51
4#	10	10	43.14	34.41	20.24
5#		15	28.76	26.66	7.30
6#		20	21.57	9.95	53.87
7#		25	17.26	0	100
8#		30	14.38	0	100

从表4-2-5中可以看出，当混合液COD浓度高于90mg/L或低于25mg/L时，其COD去除率均大于50%，而当混合液COD浓度在25~90mg/L之间时，其COD去除率则低于50%。以COD平衡浓度为横坐标，每克粉煤灰吸附COD的量(mg/g)为纵坐标，绘制吸附等温线见图4-2-9。

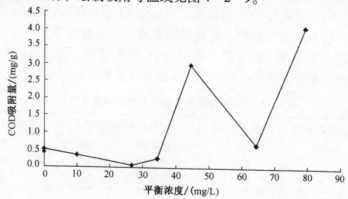

图4-2-9　粉煤灰对采油污水中的COD吸附等温线

从图4-2-9中可以看出，粉煤灰对采油污水中COD的吸附等温线呈跳跃状，与经典的吸附等温线相吻合。COD吸附量最大值为4.1mg/g，平均吸附量为1.0mg/g。

4. 改性煤灰的吸附试验

在粉煤灰组成中，SiO_2和Al_2O_3占绝大部分。在很多单组分吸附试验中，常用纯SiO_2和Al_2O_3或改性SiO_2和Al_2O_3作为吸附剂，同时吸附影响因素试验表明，pH值越高，吸附效果越好，其原因可能是在高pH值下粉煤灰中的硅和铝的氧化物溶出，使粉煤灰比表面积增大，并且生成具有絮凝性质的硅盐和铝盐，于是决定利用碱溶液对粉煤灰进行改性试验，依据所用碱性药剂种类和用量的不同，共分为 4 个试验，编号为 $1^{\#} \sim 4^{\#}$。

试验分别取 10g 粉煤灰与 100mL 碱溶液置于 4 个 500mL 的锥形瓶中，在一定温度下于摇床中混合反应一定时间，再分别加入采油污水 300mL 继续在摇床中混合 20min，搅拌强度均为 120r/min，采油污水 COD 浓度为 420 ~ 440mg/L，静沉 60min 后取样测定，试验参数及结果如表 4 - 2 - 6 所示。

表 4 - 2 - 6   改性粉煤灰吸附试验参数及结果

序　号	碱溶液	温度/℃	反应时间/h	吸附后 COD/(mg/L)	去除率/%
$1^{\#}$	10% NaOH	35	48	376.24	12.79
$2^{\#}$	10% NaOH	78	1	323.14	25.10
$3^{\#}$	10% NaOH + 30% CaO	78	1	421.88	2.22
$4^{\#}$	50% Ca(OH)$_2$	78	1	369.61	14.33

试验表明，用 CaO 或 Ca(OH)$_2$ 对粉煤灰进行改性时，粉煤灰生成了类似混凝土板块的物质，不利于吸附采油污水中的有机物。相对来说，用 NaOH 作改性剂效果较好，而温度增高可能更有利于粉煤灰中的硅盐和铝盐的溶出，而提高其的吸附效果。以下试验将 200g 粉煤灰、200gNaOH 和 2000mL 蒸馏水混合加热至 80℃，加热时间 4h。再分别将一定量的该浊液与一定量的采油污水混合，其中 $1^{\#}$ 于 500mL 的锥形瓶中，$2^{\#}$ 和 $3^{\#}$ 于体积为 3L 的小桶中，采油污水 COD 浓度为 420 ~ 440mg/L，测定其吸附效果。试验参数及结果见表 4 - 2 - 7。

表 4 - 2 - 7   NaOH 改性粉煤灰试验参数及结果

序　号	浊液/mL	采油污水/mL	混合及沉淀情况	吸附后 COD/(mg/L)
$1^{\#}$	60	300	摇床震荡 48h(35℃、120r/min)	608.14
$2^{\#}$	200	600	搅动 10 下，静沉 20h	409.43
$3^{\#}$	100	1000	搅动 10 下，静沉 20h	505.68

从表 4 - 2 - 7 可以看出，改性粉煤灰对采油污水 COD 吸附去除效果都不太好。由于采油污水量大，需用粉煤灰多，实际工程中，不可能对大量粉煤灰进行改性，因此未就粉煤灰的改性做更进一步的试验研究。

5. 贮灰场模拟试验

在水处理中常用活性炭作为吸附剂，其操作方式有固定床、移动床和流化床三种形式，粉煤灰的物化性质与活性炭不同，其吸附操作方式应由试验确定。另外，被吸附污染物在粉煤灰层中是否存在微生物的降解作用和是否会回溶到覆盖水体中，也是人们很关注的问题，因此在实验室进行贮灰场模拟试验，其目的一方面考察微生物在粉煤灰堆灰层中的生长情况，另一方面考察处理采油污水过程中被粉煤灰吸附的物质在清水中的释放情况，并进行粉煤灰固定床吸附试验。

（1）粉煤灰层中的微生物

以硬聚氯乙烯管为材料加工成 2 个反应柱，进行有水覆盖和无水覆盖的试验。2 个反应柱长度均为120cm，内径为 4cm，并分别在距底端 20cm、40cm、66cm、90cm 处开直径 1.5cm 的 4 个小孔作为取样口（见图 4-2-10）。柱的下部 20cm 装入直径约为 1cm的卵石后，将 800g 粉煤灰（其中煤灰 560g，炉渣240g）和 10L 采油污水以 800r/min 的搅拌强度搅拌至混合均匀，自柱的顶口注入。其中 1# 柱表面无覆盖水，2# 柱每日补原采油污水以维持有水层覆盖。两个月后，分别从 2 个柱的上、中、下取样口取出粉煤灰样品，扫描电镜检测粉煤灰层中微生物生长情况，见图 4-2-11。

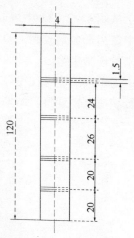

图 4-2-10 反应柱
（图中数值单位均为 cm）

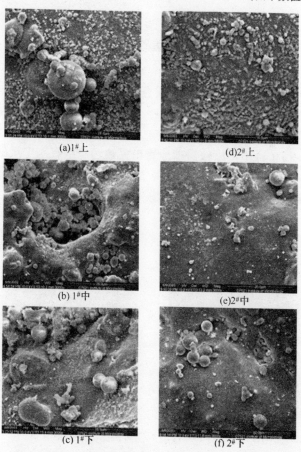

(a)1#上   (d)2#上

(b)1#中   (e)2#中

(c)1#下   (f)2#下

图 4-2-11 模拟贮灰场的反应柱内微生物生长情况

从图 4-2-11 中可以看出，粉煤灰表面有大量的烧结结构，且由于采油污水中氯离子含量较高，粉煤灰吸附采油污水后，在固体表面形成大量的结晶。但是未发现微生物。

为了进一步寻找粉煤灰中的微生物，对现场取来的吸附采油污水后的粉煤灰进行扫描电镜观察，结果见图 4-2-12。

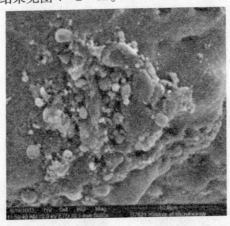

图 4-2-12　吸附采油污水后的粉煤灰扫描电镜

从图 4-2-12 中可以看出，粉煤灰表面依然难见微生物。

另外，将采油污水过滤和离心分离后，进行扫描电镜以检测寻找采油污水中的微生物，见图 4-2-13。

从图 4-2-13 (a) 中可以较清晰地看出采油污水中有一定量的微生物。

从图 4-2-13 (b) 中可以看出，采油污水悬浮物中也含有一定量的微生物，对于在某些水样中发现有后生动物，这可能是该取样地点水环境特殊造成的。

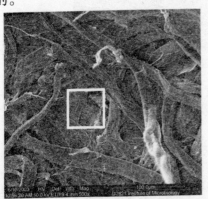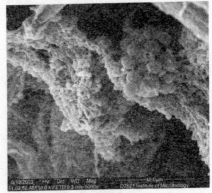

图 4-2-13(a)　过滤采油污水滤纸的扫描电镜

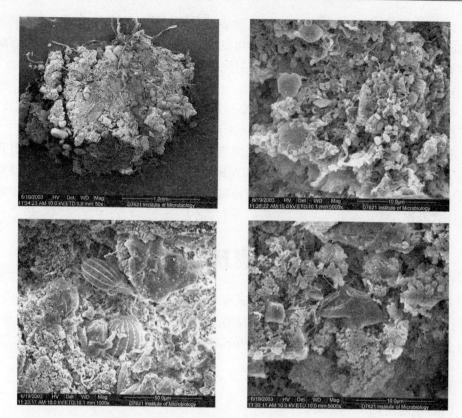

图 4 - 2 - 13(b)　采油污水离心分离固体的扫描电镜

上述试验表明，粉煤灰吸附层中较难看到微生物，这是由于经高温烧结，粉煤灰中不可能存有活的微生物，而采油污水和冲灰水只能存有极少量的细菌，是没有合适的繁殖环境所致。因此认为，粉煤灰去除采油污水中有机污染物的机理是吸附作用，组合工艺中微生物降解采油污水中污染物的场所不在粉煤灰层，而在氧化塘。

（2）淹水释放试验

将一定质量的处理过采油污水的湿灰与 300mL 蒸馏水分别在 5 个 500mL 锥形瓶中混合，置于摇床中恒温振摇 48h，温度 35℃，搅拌强度 120r/min，静止沉淀后测上清液 COD，试验参数及结果见表 4 - 2 - 8。

表 4 - 2 - 8　淹水释放试验参数及结果

序　　号	粉煤灰(湿)/g	上清液 COD/(mg/L)
1#	60	4.54
2#	30	6.20
3#	15	10.62
4#	10	0.11
5#	7.5	1.77

从表4-2-8可以看出，胜利电厂贮灰场处理过采油污水的湿灰，在不同灰水比的条件下，其淹水释放的COD值均很小。这说明被粉煤灰吸附的有机污染物不太容易解吸再释放到覆盖水体(即氧化塘水体)中。

(3) 过滤试验

反应柱进行微生物生长试验后，改为上部进水最下部出水，进行过滤试验。当进水COD值为420~440mg/L时，5d后测定出水的COD值为152.22mg/L，去除率为64.72%，效果较好。但由于粉煤灰经水浸后形成密实的堆积结构，特别是采油污水中的油和其他有机组分在固定床吸附表面形成一层致密黏性物，导致滤速很小，24h过滤量仅为100mL，故粉煤灰吸附处理采油污水不宜采用固定床等床式操作方式。

第三节 粉煤灰的现场试验

现场试验研究的主要内容：增大试验水样量，以机械搅拌代替摇床振摇搅拌，同时对COD、石油类、氨氮、挥发酚、电导率和pH等多个指标进行检测，以全面考察粉煤灰对采油污水中污染物的吸附规律和去除效果。

一、试验材料与方法

1. 试验用灰

取自胜利电厂的粉煤灰。

2. 试验用水

取自胜利油田现河首站的采油污水。

3. 检测项目与方法

① 粉煤灰外观及微生物组成研究：采用中国科学院微生物所的扫描电子显微镜(SEM)观察。

② COD：重铬酸钾法　　　　　　　　　　　　　　(GB/T 11914—1989)

③ 石油类：红外光度法　　　　　　　　　　　　　(GB/T 16488—1996)

④ 氨氮：蒸馏和滴定法　　　　　　　　　　　　　(GB/T 7479—1987)

⑤ 挥发酚：蒸馏后用4-氨基安替比林分光光度法　(GB/T 7490—1987)

⑥ pH值：玻璃电极法　　　　　　　　　　　　　　(GB/T 6920—1986)

⑦ 电导率：Y11-YSI3200型台式电导仪

二、吸附速率试验

由于粉煤灰的比重较大，润湿后黏结性强，在普通摇床吸附试验中，发现摇瓶中粉煤灰成锥形堆积，处于锥体内的粉煤灰吸附作用发挥不好，故采用人工搅拌(50r/min)混合代替振摇，搅拌混合的粉煤灰在静沉过程中对污染物质有絮凝网捕作用，在此合并记入粉煤灰的吸附作用范畴内来讨论。

将 30L 采油污水和 15L 冲灰水，完全混合(记为原水)，再加入 1500g 粉煤灰(其中煤灰 1050g、炉渣 450g)，即灰水比为 1:30；人工搅拌 20min 后静置沉淀，采样分析并绘制 COD、石油类、氨氮和挥发酚的浓度对沉淀时间的变化曲线，并测定不同沉淀时间污水的电导率和 pH 值。结果见图 4-3-1～图 4-3-6

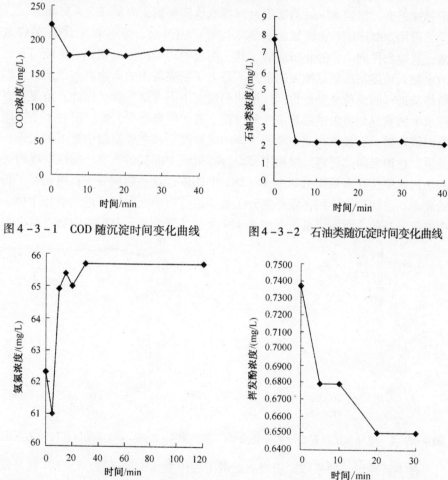

图 4-3-1　COD 随沉淀时间变化曲线　　图 4-3-2　石油类随沉淀时间变化曲线

图 4-3-3　氨氮随沉淀时间变化曲线　图 4-3-4　挥发酚随沉淀时间变化曲线

从图 4-3-1 可以看出，人工搅拌代替摇床搅拌，加速了水对粉煤灰的浸润过程，粉煤灰中显示 COD 物质的溶出和粉煤灰对污水中 COD 的吸附几乎同时发生，因而在吸附速率曲线上并未出现实验室试验中发生的液相 COD 浓度先升后降的现象。在静沉的前 5min，粉煤灰对 COD 的吸附速率达到最大，其去除速率达 9.1mg/(L·min)；5min 以后，COD 浓度基本不变，表明吸附达到平衡，其去除率接近 20%。

从图 4-3-2 可以看出，在静沉的前 5min，粉煤灰对石油类的吸附速率达到最大，其去除速率达 1.1mg/(L·min)；5min 以后，石油类浓度基本不变，表明已达吸附平衡，其去除率大于 80%。

从图 4-3-3 可以看出，在静沉的前 10min，试样中氨氮浓度首先下降，然后迅速上升，沉淀 40min 后吸附过程基本达到平衡，吸附率为 -5.46%。

再用 3000mL 不含氨氮的蒸馏水代替采油污水，分别加入 100g 的煤灰和炉渣，其他条件同上，静止沉淀后，其上清液中均未检测出氨氮。由此可见，采油污水加入粉煤灰后氨氮浓度的上升不是由于粉煤灰中的某物质溶出所致。同时对粉煤灰进行的成份全分析也同样证明粉煤灰中不含氮元素。因此，粉煤灰对采油污水中的氨氮的吸附过程是负吸附过程。有关研究表明，负吸附并不是吸附剂不吸附该物质，而是该物质在液相主体中浓度高于其在吸附层中浓度的表现。也就是说，这种吸附剂更容易吸附多种混合吸附质中的其他物质。粉煤灰吸附去除了采油污水中所含石油类的 80% 和 COD 的 20%，这些物质分子被吸附在了粉煤灰的表面，空间位阻作用导致氨氮分子也必然被挤出吸附层，进入液相主体。液相中氨氮升高的主要原因是由于加入了煤灰和炉渣，导致液相中的物质被浓缩。

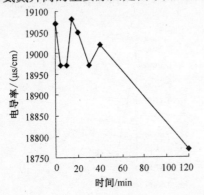

图 4-3-5　电导率随沉淀时间的变化曲线

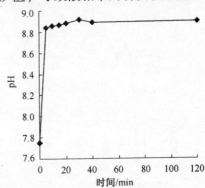

图 4-3-6　pH 值随沉淀时间的变化曲线

在本试验中，如果假定粉煤灰的吸附层中氨氮的浓度为 0mg/L，就可以估算出吸附平衡时液相主体与吸附层的体积比为 18.3∶1。再用吸附层体积除以粉煤灰的比表面积，就得出吸附层的厚度约为 1.91×10^{-6}m，即 1.91μm，与众多报道的吸附层厚度为几个纳米相差较大。

从图 4-3-4 可以看出，沉淀 20min 后，挥发酚达到吸附平衡。从图 4-3-5 和图 4-3-5 可以看出，电导率值虽有下降的趋势，但变化不大；pH 值有所升高，原因可能是粉煤灰中的碱性物质(如 Fe_2O_3、Al_2O_3、K_2O、Na_2O 等)溶出所致。

本组试验表明，人工搅拌 20min，粉煤灰对采油污水中污染物的吸附速率均比实验室摇床振摇 48h 有很大的提高，并且搅拌混合后沉淀 20min 后达到平衡状况。

三、搅拌强度试验

在前一部分的试验中，人工搅拌 20min，但搅拌强度是不易定量的，故本组试验采用机械搅拌，在搅拌时间均为 10min 的条件下，改变搅拌强度，搅拌停止后均采用静沉 20min，采样分析，考察不同搅拌强度对吸附的影响，其中又以试验用水的组分不同分为两组试验：其中第一组试验用水是采油污水，第二组试验用水是采油污水与冲灰水的混合液。

不同试验用水对比试验的目的是探讨直接用采油污水冲灰的可行性。如果试验表明，可用采油污水取代目前使用的冲灰水，那么便可为胜利电厂节省大量的循环冷却水，对其进行适当净化就可回用于电厂生产系统。

1. 第一组试验

在 4 个塑料桶中，先分别加入 100g 粉煤灰(其中煤灰 70g、炉渣 30g)和 3000mL 采油污水(记为原水)，即灰水比(g/mL)为 1:30；温度为室温，以不同的搅拌强度分别搅拌 10min，静置沉降 20min 后取上清液采样分析。原水 COD 浓度为 627.8mg/L、石油类浓度为 43.1mg/L、氨氮浓度为 39.8mg/L、挥发酚浓度为 1.92mg/L、电导率为 52640μS/cm、pH 值为 6.90。上清液中各污染物浓度、电导率、pH 值随搅拌强度的变化曲线如图 4-3-7 所示。

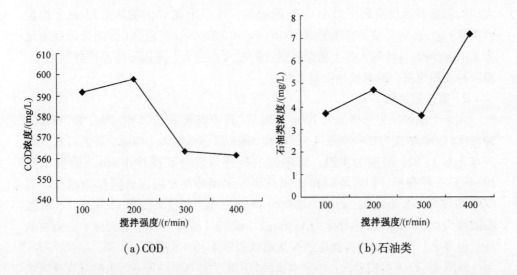

(a)COD

(b)石油类

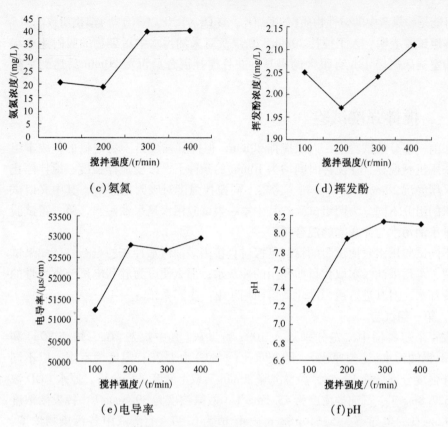

（c）氨氮　　　　　　　　　　　（d）挥发酚

（e）电导率　　　　　　　　　　（f）pH

图 4 - 3 - 7　　上清液中各污染物浓度、电导率、pH 值与搅拌强度的关系

从图 4 - 3 - 7 可以看出，不同搅拌强度对氨氮、挥发酚和电导率的影响不大；增加搅拌强度有利于增加 COD 的吸附，其 COD 的吸附量从 1. 13mg/g 增加到 2. 03mg/g；对石油类的吸附以 100r/min 和 300r/min 时最好（石油类的吸附量为 1. 18mg/g）；pH 值大体上随搅拌强度的增大而变大，原因可能是搅拌越剧烈，越容易使粉煤灰中的碱性物质溶出所致。

2. 第二组试验

在 4 个塑料桶中分别加入 100g 粉煤灰（其中煤灰 70g、炉渣 30g）和 2000mL 冲灰水（COD 浓度为 0 ~ 60mg/L），搅拌 5min 后，再加入 1000mL 采油污水，即灰水比为 1 : 30；温度为室温，以不同的搅拌强度分别搅拌 10min，静置沉降 20min 后采样分析。同时将同样比例采油污水和冲灰水的混合液作为原水，其 COD 浓度为 178. 8mg/L、石油类浓度为 11. 0mg/L、氨氮浓度为 15. 4mg/L、挥发酚浓度为 0. 617mg/L、电导率为 18360μS/cm、pH 值为 7. 78。上清液中污染物浓度、电导率、pH 值随搅拌强度的变化曲线如图 4 - 3 - 8 所示。

从图 4 - 3 - 8 可以看出，由于本组试验用水为冲灰水与采油污水的混合液，它的 COD、氨氮和挥发酚浓度比第一组试验的原水低了许多，改变搅拌强度试验表明，粉煤灰对该混合液中这 3 种物质的吸附量差别没有前一组试验那么大。对石油类的吸附，仍以 100r/min(吸附量为 0.28mg/g)，300r/min(吸附量为 0.29mg/g)和 400r/min(吸附量为 0.29mg/g)；pH 值的变化规律大体同第一组试验。

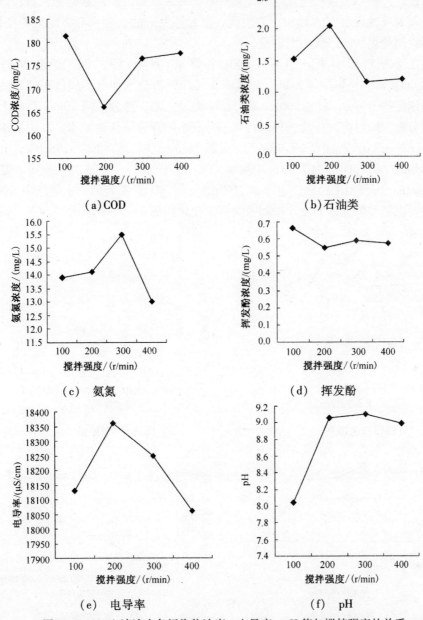

图 4-3-8 上清液中各污染物浓度、电导率、pH 值与搅拌强度的关系

搅拌强度影响试验表明，如将石油类和 COD 作为主要考查去除指标，用采油污水冲灰是可行的。

四、吸附容量试验

本试验过程中，在粉煤灰量一定条件下，逐步增加采油污水的加入量，以考查粉煤灰对采油污水中的 COD、石油类、氮和挥发酚的去除率和吸附量的变化，并最终找出粉煤灰的最大吸附容量。

在 7 个塑料桶中先分别加入 100g 粉煤灰（其中煤灰 70g、炉渣 30g）和 2000mL 冲灰水，机械搅拌 2min，转速 300r/min，再分别加入不同体积的采油污水，继续搅拌 10min，转速 300r/min，温度均为室温，静置沉降 20min 后对上清液采样分析。同时将同样比例采油污水和冲灰水的混合液作为原水。其中采油污水 COD 683mg/L、石油类 37.9mg/L、氨氮 54.3mg/L、挥发酚 2.26mg/L、电导率 54520μS/cm、pH 值为 7.00；冲灰水 COD 42.19mg/L、石油类未检出、氨氮 0.041mg/L、挥发酚未检出、电导率 2400μS/cm、pH 值为 7.68。上清液中 COD、石油类、氨氮和挥发酚的去除率和吸附量的变化如图 4-3-9 所示。

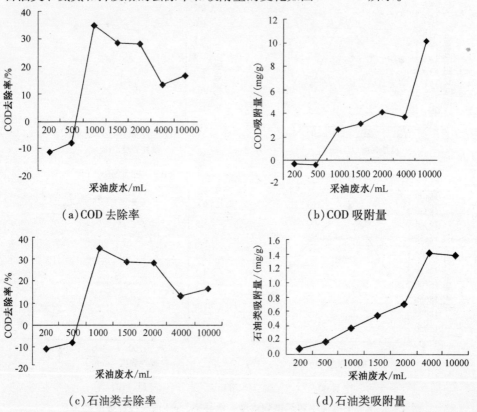

（a）COD 去除率

（b）COD 吸附量

（c）石油类去除率

（d）石油类吸附量

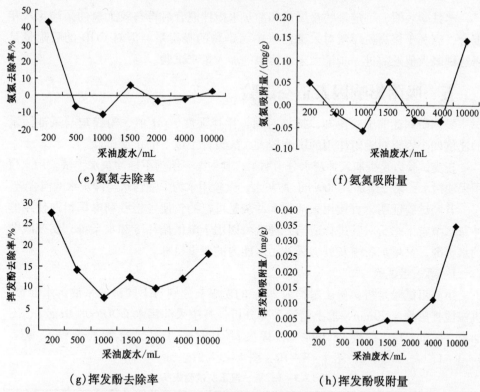

（e）氨氮去除率　　　　　　　　　　（f）氨氮吸附量

（g）挥发酚去除率　　　　　　　　　　（h）挥发酚吸附量

图4-3-9　上清液中COD、石油类、氨氮和挥发酚的去除率和吸附量与采油废水量的关系

从图4-3-9中可以看出，随采油污水量的增加，一定量的粉煤灰对COD、石油类和挥发酚的吸附量均在增加。其中，对COD的最大吸附量为10.1mg/g，对石油类的最大吸附量为1.4mg/g。去除率变化不大，COD去除率为13%～35%，石油类去除率为90%左右，挥发酚去除率为10%左右。

当采油污水加入量较少时（200mL、500mL），同样可以看出从粉煤灰中释放出的物质起到较大的干扰作用。随着采油污水加入量大于1000mL，COD的去除率逐步下降，而绝对吸附量却在增加，并且还有进一步增加的潜力。这说明，随着采油污水加入量的不断增加，粉煤灰对COD的吸附容量可达到10mg/g的较高水平。但若考虑去除效率，则灰水比值不宜过小。其原因可能是随着采油污水加入量的增加，COD的绝对量增加，与粉煤灰的碰撞机会增多，有利于吸附能力的提高，但由于绝对量的增加，也导致了吸附去除率的下降。

随着采油污水加入量的不断增加，石油类的去除率开始基本保持不变，均大于90%。由于在采油污水加入量为4000mL以后吸附量基本饱和，为1.4mg/g左右，因而去除率在采油污水加入量为10000mL时，出现明显下降。通过此试验可以确定粉煤灰对采油污水中的石油类的最大吸附量为1.4mg/g。

本试验表明，一定量的粉煤灰和冲灰水搅拌混合后再与较大量的采油污水相混合，有利于提高粉煤灰对采油污水中污染物的吸附量。但对 COD 的吸附量是否达到最大值还需进一步增大采油污水的加入量来试验。

五、吸附影响因素正交试验

经调研和此前试验得知，搅拌时间、搅拌强度、pH 值、粉煤灰与采油污水的比例四个因素对吸附作用的影响较大，故设计了以下的正交试验。

正交试验以是否加入冲灰水分为两组，其中第一组为不加冲灰水，试验用水仅用采油污水；第二组加入 4000mL 冲灰水，试验用水为采油污水与冲灰水的混合液。

若经试验证明，直接用采油污水冲灰是可行的，便可将胜利电厂目前使用的冲灰水节省下来，对其进行适当处理就可回用于电厂循环冷却水系统，实现既节约水资源，又增加粉煤灰处理采油污水能力的双重目标。

1. 第一组试验

第一组试验是将 9 份质量均为 200g 的粉煤灰分别与不同量的采油污水混合，机械搅拌后静沉 20min，取上清液采样分析。其中采油污水 COD 608.0mg/L、石油类 17.2mg/L、氨氮 48.6mg/L、挥发酚 1.94mg/L。试验参数及结果见表4-3-1～表4-3-6，图4-3-10～图4-3-17。

表4-3-1 第一组正交试验表头

序号	A. 搅拌时间/ min	B. 搅拌强度/ (r/min)	C. pH 值	D. 粉煤灰/采油污水/ (g/mL)
1	5	100	不调	200/2000
2	10	200	10	200/6000
3	15	300	12	200/10000

表4-3-2 第一组正交试验计划表

试验号	A	B	C	D
1	1	1	1	1
2	1	2	2	2
3	1	3	3	3
4	2	1	2	3
5	2	2	3	1
6	2	3	1	2
7	3	1	3	2
8	3	2	1	3
9	3	3	2	1

表 4 – 3 – 3　第一组试验 COD 计算结果分析表

	试验计划				试验结果	
试验号	A	B	C	D	去除率/%	吸附量/（mg/g）
1	1	1	1	1	2.52	0.306
2	1	2	2	2	4.61	1.120
3	1	3	3	3	1.99	0.666
4	2	1	1	2	3.73	1.362
5	2	2	3	1	5.92	0.720
6	2	3	1	2	12.2	2.968
7	3	1	3	2	15.0	3.640
8	3	2	1	3	15.6	5.676
9	3	3	2	1	16.7	2.036
去除率	T_1	9.12	21.25	30.32	25.14	$T = 78.27$	$T = 18.494$
	T_2	21.85	26.13	25.04	31.81		
	T_3	47.30	30.89	22.91	21.32		
	$\overline{T_1}$	3.04	7.08	10.11	8.38		
	$\overline{T_2}$	7.28	8.71	8.35	10.60		
	$\overline{T_3}$	15.77	10.30	7.64	7.11		
	极差	12.73	3.22	2.47	3.49		
吸附量	T_1	2.092	5.308	8.950	3.062		
	T_2	5.050	7.516	4.518	7.728		
	T_3	11.352	5.670	5.026	7.704		
	$\overline{T_1}$	0.697	1.769	2.980	1.021		
	$\overline{T_2}$	1.683	2.505	1.506	2.576		
	$\overline{T_3}$	3.784	1.890	0.502	2.568		
	极差	3.087	0.736	2.478	1.555		

　　根据第一组正交试验的结果，选取 COD、石油类、氨氮和挥发酚的去除率和吸附量两个指标进行结果分析。

　　从表 4 – 3 – 3 和图 4 – 3 – 10 可以看出，搅拌时间对 COD 去除率影响最大，取 3 水平最好，即搅拌 15min；粉煤灰与采油污水的比例次之，应取 2 水平最好，即比例为 1：30；搅拌强度再次，应取 3 水平最好，即搅拌强度为 300r/min；而 pH 值影响最小，说明碱的加入量对 COD 去除率影响不大，从计算结果看应取 1

水平，即不调 pH 值。

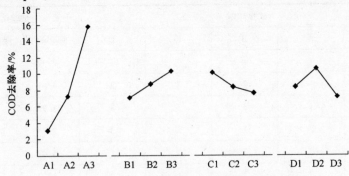

图 4 – 3 – 10　COD 去除率和各因素各水平的关系图

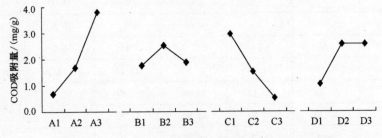

图 4 – 3 – 11　COD 吸附量和各因素各水平的关系图

从表 4 – 3 – 3 和图 4 – 3 – 11 可以看出，搅拌时间对 COD 吸附量影响最大，取 3 水平最好，即搅拌 15min；pH 值次之，应取 1 水平最好，即不调节 pH 值；粉煤灰与采油污水的比例再次，应取 2 水平最好，即比例为 1∶30；而搅拌强度影响最小，说明搅拌强度在试验范围内无论取何水平对 COD 吸附量影响不大，从计算结果看，应取 2 水平，即搅拌强度为 200r/min。

表 4 – 3 – 4　第一组试验石油类计算结果分析表

试验计划					试验结果	
试验号	A	B	C	D	去除率/%	吸附量/(mg/g)
1	1	1	1	1	76.92	0.2646
2	1	2	2	2	84.71	0.5828
3	1	3	3	3	80.86	1.1790
4	2	1	2	3	77.67	0.8016
5	2	2	3	1	88.66	0.3050
6	2	3	1	2	82.97	0.5708
7	3	1	3	2	76.10	0.5236

续表

试验计划					试验结果	
试验号	A	B	C	D	去除率/%	吸附量/(mg/g)
8	3	2	1	3	82.09	0.8472
9	3	3	2	1	90.17	0.3102
去除率 T_1	242.49	230.69	241.98	255.75	$T=740.15$	$T=5.3848$
T_2	249.30	255.46	252.55	243.78		
T_3	248.36	254.00	245.62	240.62		
$\overline{T_1}$	80.83	76.90	80.66	85.25		
$\overline{T_2}$	83.10	85.15	84.18	81.26		
$\overline{T_3}$	82.77	84.67	81.87	80.21		
极差	2.27	8.25	3.52	5.04		
吸附量 T_1	2.0264	1.5898	1.6826	0.8798		
T_2	1.6774	1.7350	1.6946	1.6772		
T_3	1.6810	2.0600	2.0076	2.8278		
$\overline{T_1}$	0.6755	0.5299	0.5609	0.2933		
$\overline{T_2}$	0.5591	0.5783	0.5649	0.5591		
$\overline{T_3}$	0.5603	0.6867	0.6692	0.9426		
极差	0.1164	0.1568	0.1083	0.6493		

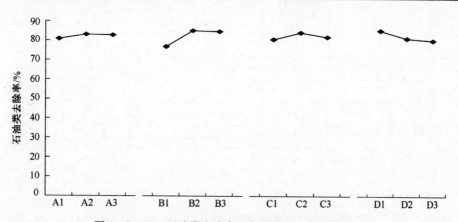

图 4-3-12　石油类去除率和各因素各水平的关系图

从图 4-3-12 和表 4-3-4 可以看出，搅拌强度对石油类去除率影响最大，取 2 水平最好，即搅拌强度为 200r/min；粉煤灰与采油污水的比例次之，应取 1

水平最好，即比例为 1∶10；pH 值再次，应取 2 水平最好，即调节 pH 值为 10；而搅拌时间影响最小，说明搅拌时间在试验范围内无论取何水平对石油类的去除率影响不大，从计算结果看，应取 2 水平，即搅拌时间为 10min。

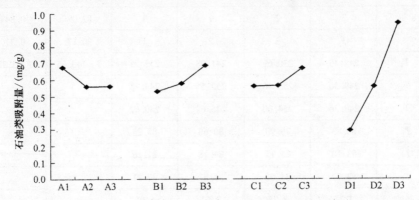

图 4 - 3 - 13　石油类吸附量和各因素各水平的关系图

　　从表 4 - 3 - 4 和图 4 - 3 - 13 可以看出，粉煤灰与采油污水的比例对石油类吸附量影响最大，应取 3 水平最好，即比例为 1∶50；搅拌强度次之，取 3 水平最好，即搅拌强度为 300r/min；搅拌时间再次，应取 1 水平最好，即搅拌时间为 5min；而 pH 值影响最小，说明 pH 值在试验范围内无论取何水平对石油类的吸附量影响不大，从计算结果看，应取 3 水平最好，即调节 pH 值为 12。

表 4 - 3 - 5　第一组试验氨氮计算结果分析表

| 试验计划 | | | | | 试验结果 | |
试验号	A	B	C	D	去除率/%	吸附量/（mg/g）
1	1	1	1	1	- 0. 62	- 0. 006
2	1	2	2	2	2. 26	0. 044
3	1	3	3	3	- 5. 58	- 0. 162
4	2	1	2	3	- 0. 41	- 0. 012
5	2	2	3	1	5. 56	0. 054
6	2	3	1	2	- 6. 79	- 0. 132
7	3	1	3	2	8. 64	0. 168
8	3	2	1	3	3. 09	0. 090
9	3	3	2	1	12. 53	0. 120

续表

	试验号	试验计划				试验结果	
		A	B	C	D	去除率/%	吸附量/(mg/g)
去除率	T_1	−3.94	7.61	−4.32	17.29	$T=18.50$	$T=0.164$
	T_2	−1.64	10.91	4.94	4.11		
	T_3	24.08	−0.02	8.62	−2.90		
	$\overline{T_1}$	−1.31	2.54	−1.44	5.76		
	$\overline{T_2}$	−0.55	3.64	1.65	1.37		
	$\overline{T_3}$	8.03	−0.007	2.87	−0.97		
	极差	9.34	3.65	4.31	6.73		
吸附量	T_1	−0.124	0.150	−0.048	0.168		
	T_2	−0.090	0.188	0.152	0.080		
	T_3	0.378	−0.174	0.060	−0.084		
	$\overline{T_1}$	−0.041	0.050	−0.016	0.056		
	$\overline{T_2}$	−0.030	0.063	0.051	−0.027		
	$\overline{T_3}$	0.126	−0.058	0.020	−0.028		
	极差	0.167	0.121	−0.067	0.084		

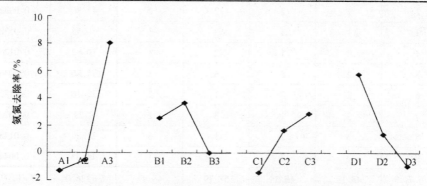

图4-3-14 氨氮去除率和各因素各水平的关系图

从表4-3-5和图4-3-14可以看出，搅拌时间对氨氮去除率影响最大，应取3水平最好，即搅拌时间为15min；粉煤灰与采油污水的比例次之，取1水平最好，即比例为1:10；pH值再次，应取应取3水平最好，即调节pH值为12；而搅拌强度影响最小，说明搅拌强度在试验范围内无论取何水平对氨氮的去除率影响不大，从计算结果看，应取2水平最好，即搅拌强度为200r/min。

从表4-3-5和图4-3-15可以看出，搅拌时间对氨氮吸附量影响最大，

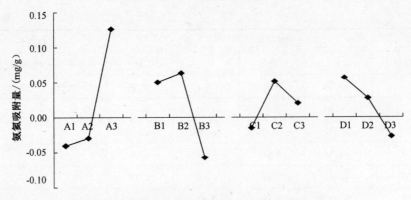

图 4 – 3 – 15　氨氮吸附量和各因素各水平的关系图

应取 3 水平最好，即搅拌时间为 15min；搅拌强度次之，取 2 水平最好，即搅拌强度为 200r/min；粉煤灰与采油污水的比例再次，应取 1 水平最好，即比例为 1:10；而 pH 值影响最小，说明 pH 值在试验范围内无论取何水平对氨氮的去除率影响不大，从计算结果看，应取 2 水平最好，即调节 pH 值为 10。

表 4 – 3 – 6　第一组试验挥发酚计算结果分析表

		试验计划				试验结果	
试验号		A	B	C	D	去除率/%	吸附量/(mg/g)
1		1	1	1	1	25.77	0.0100
2		1	2	2	2	11.86	0.0092
3		1	3	3	3	10.55	0.0138
4		2	1	2	3	10.82	0.0126
5		2	2	3	1	11.86	0.0046
6		2	3	1	2	22.16	0.0172
7		3	1	3	2	9.79	0.0076
8		3	2	1	3	11.86	0.0138
9		3	3	2	1	11.34	0.0044
去除率	T_1	48.18	46.38	59.79	48.97	$T=126.01$	$T=0.0932$
	T_2	44.84	35.58	34.02	43.81		
	T_3	32.99	44.05	32.20	33.23		
	$\overline{T_1}$	16.06	15.46	19.93	16.32		
	$\overline{T_2}$	14.95	11.86	11.34	14.60		
	$\overline{T_3}$	11.00	14.68	10.73	11.08		
	极差	5.06	3.60	9.20	5.24		

续表

	试验号	试验计划				试验结果	
		A	B	C	D	去除率/%	吸附量/(mg/g)
吸附量	T_1	0.0330	0.0302	0.0410	0.0190		
	T_2	0.0344	0.0276	0.0262	0.0340		
	T_3	0.0258	0.0354	0.0260	0.0402		
	$\overline{T_1}$	0.0110	0.0101	0.0137	0.0063		
	$\overline{T_2}$	0.0115	0.0092	0.0087	0.0113		
	$\overline{T_3}$	0.0086	0.0118	0.0087	0.0134		
	极差	0.0029	0.0026	0.0050	0.0071		

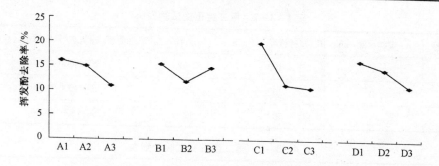

图 4 - 3 - 16　挥发酚去除率和各因素各水平的关系图

从表 4 - 3 - 6 和图 4 - 3 - 16 可以看出，pH 值对挥发酚去除率影响最大，应取 1 水平最好，即不调 pH 值；粉煤灰与采油污水的比例次之，取 1 水平最好，即比例为 1:10；搅拌时间再次，应取 1 水平最好，即搅拌时间为 5min；而搅拌强度影响最小，说明搅拌强度在试验范围内无论取何水平对挥发酚去除率影响不大，从计算结果看，应取 1 水平最好，即搅拌强度为 100r/min。

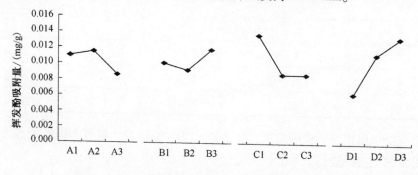

图 4 - 3 - 17　挥发酚吸附量和各因素各水平的关系图

从表 4-3-6 和图 4-3-17 可以看出，粉煤灰与采油污水的比例对挥发酚吸附量影响最大，应取 3 水平最好，即比例为 1:50；pH 值次之，取 1 水平最好，即不调 pH 值；搅拌时间再次，应取 2 水平最好，即搅拌强度搅拌时间为 10min；而搅拌强度影响最小，说明搅拌强度在试验范围内无论取何水平对挥发酚吸附量影响不大，从计算结果看，应取 3 水平最好，即搅拌强度为 300r/min。

2. 第二组试验

第二组试验是将 9 份质量均为 200g 的粉煤灰均先分别与 4000mL 冲灰水混合，机械搅拌时间 2min，搅拌强度 300r/min，再将浊液与不同量的采油污水混合，继续搅拌不同时间后静沉 20min，取上清液采样分析。其中采油污水 COD515.2mg/L、石油类 24.3mg/L、氨氮 48.4mg/L、挥发酚 2.18mg/L。试验参数及结果见表 4-3-7 ~ 表 4-3-12，图 4-3-18 ~ 图 4-2-25。

表 4-3-7　第二组正交试验表头

序号	A. 搅拌时间/min	B. 搅拌强度/(r/min)	C. pH	D. 粉煤灰/冲灰水/采油污水/(g/mL)
1	5	100	不调	200/4000/2000
2	10	200	10	200/4000/6000
3	15	300	12	200/4000/10000

表 4-3-8　第二组正交试验计划表

试验号	A	B	C	D
1	1	1	1	1
2	1	2	2	2
3	1	3	3	3
4	2	1	2	2
5	2	2	2	1
6	2	3	1	2
7	3	1	3	2
8	3	2	1	3
9	3	3	2	1

根据第二组正交试验的结果，各选取 COD、石油类、氨氮和挥发酚的去除率和吸附量两个指标进行结果分析。

表4-3-9 第二组试验COD计算结果分析表

试验计划					试验结果	
试验号	A	B	C	D	去除率/%	吸附量/(mg/g)
1	1	1	1	1	14.60	0.94
2	1	2	2	2	25.25	4.43
3	1	3	3	3	20.67	5.93
4	2	1	2	3	25.46	7.30
5	2	2	3	1	36.45	2.34
6	2	3	1	2	28.18	4.95
7	3	1	3	2	16.76	2.94
8	3	2	1	3	25.80	7.40
9	3	3	2	1	32.15	2.06
去除率	T_1	60.52	56.82	68.58	83.20	$T = 225.32$	$T = 38.29$
	T_2	90.09	87.50	82.86	70.19		
	T_3	74.71	81.00	73.88	71.93		
	$\overline{T_1}$	20.17	18.94	22.86	27.73		
	$\overline{T_2}$	30.03	29.17	27.62	23.40		
	$\overline{T_3}$	24.90	27.00	24.63	23.98		
	极差	9.86	10.23	4.76	4.33		
吸附量	T_1	11.30	11.18	13.29	5.34		
	T_2	14.59	14.17	13.79	12.32		
	T_3	12.40	12.94	11.21	20.63		
	$\overline{T_1}$	3.77	3.73	4.43	1.78		
	$\overline{T_2}$	4.86	4.72	4.60	4.11		
	$\overline{T_3}$	4.13	4.31	3.74	6.88		
	极差	1.09	0.99	0.86	5.10		

从表4-3-9和图4-3-18可以看出，搅拌强度对COD的去除率影响最大，应取2水平最好，即搅拌强度为200r/min；搅拌时间次之，取2水平最好，即搅拌时间为10min；pH值再次，应取2水平最好，即pH值为10；灰水的比例影响最小，说明灰水的比例在试验范围内无论取何水平对COD的去除率影响不大，从计算结果看，应取1水平最好，即比例为1:30。

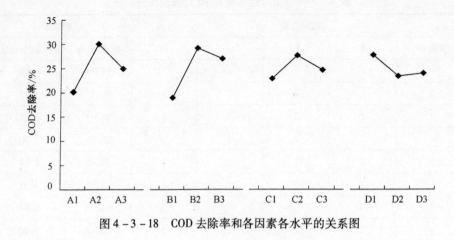

图4-3-18 COD去除率和各因素各水平的关系图

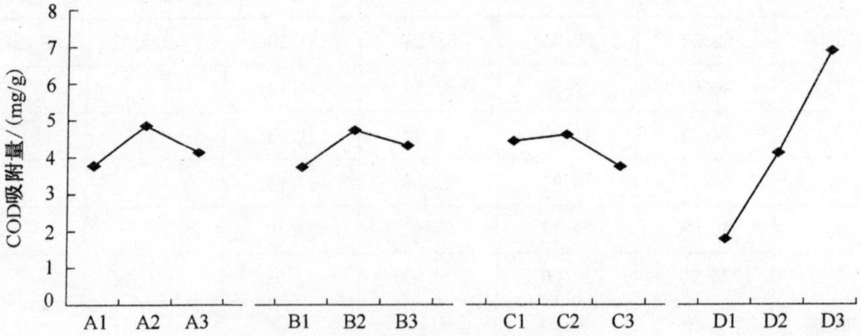

图4-3-19 COD吸附量和各因素各水平的关系图

从表4-3-9和图4-3-19可以看出,灰水的比例对COD的吸附量影响最大,应取3水平最好,即比例为1:70;搅拌时间次之,取2水平最好,即搅拌时间为10min;搅拌强度再次,应取2水平最好,即搅拌强度为200r/min;pH值影响最小,说明pH值在试验范围内无论取何水平对COD的吸附量影响不大,从计算结果看,应取2水平最好,即pH值为10。

表4-3-10 第二组试验石油类计算结果分析表

试验号	试验计划				试验结果	
	A	B	C	D	去除率/%	吸附量/(mg/g)
1	1	1	1	1	67.30	0.171
2	1	2	2	2	80.20	0.594
3	1	3	3	3	82.25	1.009
4	2	1	2	3	82.48	1.012

续表

	试验号	试验计划				试验结果	
		A	B	C	D	去除率/%	吸附量/(mg/g)
	5	2	2	3	1	61.63	0.157
	6	2	3	1	2	86.49	0.640
	7	3	1	3	2	91.35	0.676
	8	3	2	1	3	89.27	1.095
	9	3	3	2	1	71.78	0.182
去除率	T_1	229.75	241.13	243.06	200.71	$T = 712.75$	$T = 5.536$
	T_2	230.60	231.10	234.46	258.04		
	T_3	252.40	240.52	235.23	254.00		
	$\overline{T_1}$	76.58	80.38	81.02	66.90		
	$\overline{T_2}$	76.87	77.03	78.15	86.01		
	$\overline{T_3}$	84.13	80.17	78.41	84.67		
	极差	7.55	3.35	2.87	19.11		
吸附量	T_1	1.774	1.859	1.906	0.510		
	T_2	1.809	1.846	1.788	1.910		
	T_3	1.953	1.831	1.842	3.116		
	$\overline{T_1}$	0.591	0.620	0.635	0.170		
	$\overline{T_2}$	0.603	0.615	0.596	0.637		
	$\overline{T_3}$	0.651	0.610	0.614	1.039		
	极差	0.060	0.010	0.039	0.869		

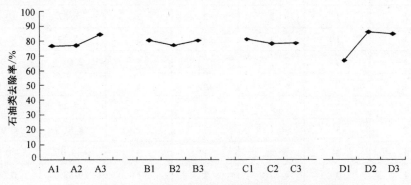

图 4-3-20　石油类去除率和各因素各水平的关系图

从表4-3-10和图4-3-20可以看出，灰水的比例对石油类的去除率影响最大，应取2水平最好，即比例为1:50；搅拌时间次之，取3水平最好，即搅拌时间为15min；搅拌强度再次，应取1水平最好，即搅拌强度为100r/min；pH值影响最小，说明pH值在试验范围内无论取何水平对石油类去除率影响不大，从计算结果看，应取1水平最好，即不调pH值。

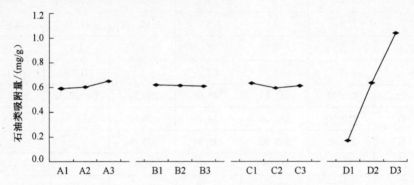

图4-3-21　石油类吸附量和各因素各水平的关系图

从表4-3-10和图4-3-21可以看出，灰水的比例对石油类的吸附量影响最大，应取3水平最好，即比例为1:70；搅拌时间次之，取3水平最好，即搅拌时间为15min；pH值再次，应取1水平最好，即不调pH值；搅拌强度影响最小，说明搅拌强度在试验范围内无论取何水平对石油类吸附量影响不大，从计算结果看，应取1水平最好，即搅拌强度为100r/min。

表4-3-11　第二组试验氨氮计算结果分析表

试验计划					试验结果	
试验号	A	B	C	D	去除率/%	吸附量/(mg/g)
1	1	1	1	1	-8.64	-0.042
2	1	2	2	2	-6.87	-0.100
3	1	3	3	3	-5.49	-0.133
4	2	1	2	3	2.60	0.063
5	2	2	3	1	-3.09	-0.015
6	2	3	1	2	-3.44	-0.050
7	3	1	3	2	4.81	0.070
8	3	2	1	3	-13.01	-0.315
9	3	3	2	1	9.88	0.048

续表

	试验号	A	B	C	D	去除率/%	吸附量/(mg/g)
	试验计划					试验结果	
去除率	T_1	-21.00	-1.23	-25.09	-1.85	$T = -23.25$	$T = -0.474$
	T_2	-3.93	-22.97	5.61	-5.50		
	T_3	1.68	0.95	-3.77	-15.9		
	$\overline{T_1}$	-7.00	-0.41	-8.36	-0.62		
	$\overline{T_2}$	-1.31	-7.66	1.87	-1.83		
	$\overline{T_3}$	0.56	0.32	-1.26	-5.30		
	极差	7.56	7.98	10.23	4.68		
吸附量	T_1	-0.275	-0.091	-0.407	-0.009		
	T_2	-0.002	-0.430	0.011	-0.080		
	T_3	-0.197	-0.135	-0.078	-0.385		
	$\overline{T_1}$	-0.092	0.030	-0.136	-0.003		
	$\overline{T_2}$	-0.001	-0.143	0.004	-0.027		
	$\overline{T_3}$	-0.066	-0.045	-0.026	-0.128		
	极差	0.091	0.173	0.140	0.125		

从表 4 - 3 - 11 和图 4 - 3 - 22 可以看出，pH 值对氨氮的去除率影响最大，应取 2 水平最好，即调节 pH 值为 10；搅拌强度次之，取 3 水平最好，即搅拌强度为 300r/min；搅拌时间再次，取 3 水平最好，即搅拌时间为 15min；灰水的比例影响最小，说明灰水的比例在试验范围内无论取何水平对氨氮的去除率影响不大，从计算结果看，应取 1 水平最好，即比例为 1∶30。

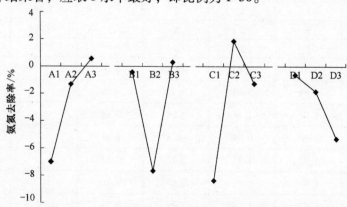

图 4 - 3 - 22　氨氮去除率和各因素各水平的关系图

从表 4 – 3 – 11 和图 4 – 3 – 23 可以看出，搅拌强度对氨氮的吸附量影响最大，应取 2 水平最好，即搅拌强度为 200r/min；pH 值次之，取 2 水平最好，即调节 pH 值为 10；灰水的比例再次，应取 3 水平最好，即比例为 1∶70；搅拌时间影响最小，说明搅拌时间在试验范围内无论取何水平对氨氮吸附量影响不大，从计算结果看，应取 2 水平最好，即搅拌时间为 10min。

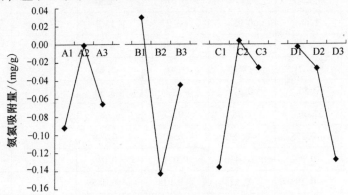

图 4 – 3 – 23　氨氮吸附量和各因素各水平的关系图

表 4 – 3 – 12　第二组试验挥发酚计算结果分析表

	试验计划				试验结果	
试验号	A	B	C	D	去除率/%	吸附量/（mg/g）
1	1	1	1	1	− 1. 38	− 0. 0003
2	1	2	2	2	1. 53	0. 0010
3	1	3	3	3	2. 56	0. 0028
4	2	1	2	3	1. 92	0. 0021
5	2	2	3	1	3. 16	0. 0007
6	2	3	1	2	0. 76	0. 0005
7	3	1	3	2	2. 29	0. 0015
8	3	2	1	3	− 0. 64	− 0. 0007
9	3	3	2	1	4. 26	0. 0009
去除率	T_1	2. 71	2. 83	− 1. 26	6. 04	$T = 14. 46$	$T = 0. 0085$
	T_2	5. 84	4. 05	7. 71	4. 58		
	T_3	5. 91	7. 58	8. 01	3. 84		
	$\overline{T_1}$	0. 90	0. 94	− 0. 42	2. 01		
	$\overline{T_2}$	1. 95	1. 35	2. 57	1. 53		
	$\overline{T_3}$	1. 97	2. 53	2. 67	1. 28		
	极差	1. 07	1. 59	3. 09	0. 73		

	试验计划				试验结果	
试验号	A	B	C	D	去除率/%	吸附量/(mg/g)
T_1	0.0035	0.0033	−0.0005	0.0013		
T_2	0.0033	0.0010	0.0040	0.0030		
T_3	0.0017	0.0042	0.0050	0.0042		
$\overline{T_1}$	0.0012	0.0011	−0.0002	0.0004		
$\overline{T_2}$	0.0011	0.0003	0.0013	0.0010		
$\overline{T_3}$	0.0006	0.0014	0.0017	0.0014		
极差	0.0006	0.0011	0.0019	0.0010		

（第一列纵向为"吸附量"）

从表 4 – 3 – 12 和图 4 – 3 – 24 可以看出，pH 值对挥发酚的去除率影响最大，应取 3 水平最好，即调节 pH 值为 12；搅拌强度次之，取 3 平最好，即搅拌强度为 300r/min；搅拌时间再次，应取 3 水平最好，即搅拌时间为 15min；灰水的比例影响最小，说明灰水的比例在试验范围内无论取何水平对氨氮去除率影响不大，从计算结果看，应取 1 水平最好，即比例为 1∶30。

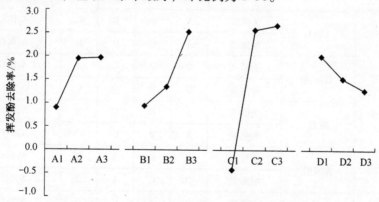

图 4 – 3 – 24　挥发酚去除率和各因素各水平的关系图

从表 4 – 3 – 12 和图 4 – 3 – 25 可以看出，pH 值对挥发酚的吸附量影响最大，应取 3 水平最好，即调节 pH 值为 12；搅拌强度次之，取 3 水平最好，即搅拌强度为 300r/min；灰水的比例再次，应取 3 水平最好，即比例为 1∶70；搅拌时间影响最小，说明搅拌时间在试验范围内无论取何水平对氨氮吸附量影响不大，从计算结果看，应取 1 水平最好，即搅拌时间为 5min。

3. 两组试验综合评价

由上述两组正交影响因素试验可以看出，粉煤灰对采油污水中污染物的吸附作用主要体现在对石油类和 COD 的去除，而对氨氮和挥发酚的去除很少，甚至

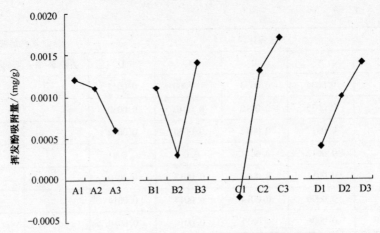

图 4 - 3 - 25　挥发酚吸附量和各因素各水平的关系图

出现负吸附。第一、二组正交试验综合评价见表 4 - 3 - 13。

表 4 - 3 - 13　第一、二组正交试验综合评价表

项目			影响因素影响排序				最佳参数
			1	2	3	4	
第一组　正交试验	COD	去除率	A	D	B	C	$A_3B_3C_1D_2$
		吸附量	A	C	D	B	$A_3B_2C_1D_2$
	石油类	去除率	B	D	C	A	$A_2B_2C_2D_1$
		吸附量	D	B	A	C	$A_1B_3C_3D_3$
	氨氮	去除率	A	D	C	B	$A_3B_2C_3D_1$
		吸附量	A	B	D	C	$A_3B_2C_2D_1$
	挥发酚	去除率	C	D	A	B	$A_1B_1C_1D_1$
		吸附量	D	C	A	B	$A_2B_3C_1D_3$
第二组　正交试验	COD	去除率	B	A	C	D	$A_2B_2C_2D_1$
		吸附量	D	A	B	C	$A_2B_2C_2D_3$
	石油类	去除率	D	A	B	C	$A_3B_1C_1D_2$
		吸附量	D	A	C	B	$A_3B_1C_1D_3$
	氨氮	去除率	C	B	A	D	$A_3B_3C_2D_1$
		吸附量	B	C	D	A	$A_2B_2C_2D_2$
	挥发酚	去除率	C	B	A	D	$A_3B_3C_3D_1$
		吸附量	C	B	D	A	$A_1B_3C_3D_3$

注：A：搅拌时间，B：搅拌强度，C：pH 值，D：灰水比。

从表 4 - 3 - 13 中可以看出，在第一组试验中，若以石油类和 COD 作为主要考察项目，搅拌时间对石油类的吸附影响不大，但对 COD 的影响是主导因素，可取搅拌时间为 15min；搅拌强度对石油类的影响较大，但对 COD 的影响不大，若兼顾石油类的去除率和吸附量，可取搅拌强度为 200r/min；pH 值对二者的影响都不大，可以不调；粉煤灰与采油污水的比例对石油类的影响，如按去除率计算应取 1:10，若按吸附量计算则取 1:50，若兼顾石油类的去除率和吸附量，取 1:30；粉煤灰与采油污水的比例对 COD 的影响，按去除率和吸附量计算均应取 1:30。

在第二组试验中，若以石油类和 COD 作为主要考察项目，搅拌时间对二者的影响差不多，可取搅拌时间为 15min；搅拌强度对石油类的影响不大，但对 COD 的影响较大，可取搅拌强度为 200r/min；pH 值对二者的影响都不大，可以不调；灰水比例对二者的影响都较大，可取 1:70（粉煤灰：冲灰水：采油污水 = 1:20:50）。

两组正交试验表明，以粉煤灰吸附去除采油污水中的石油类和 COD，采用采油污水直接与干粉煤灰混合，或者采用采油污水与经冲灰水浸湿过的粉煤灰混合的运行方式，较优的运行参数为：搅拌时间 15min，搅拌强度为 200r/min，原水 pH 不调，粉煤灰：采油污水为 1:30，粉煤灰：冲灰水：采油污水为 1:20:50。

在上述较优操作参数条件试验，结果见表 4 - 3 - 14。

表 4 - 3 - 14　正交验证试验

序号	搅拌时间/ min	搅拌强度/ （r/min）	pH	粉煤灰:冲灰水:采油污水	检测项目	吸附量/ （mg/g）
1	15	200	不调	1:0:30	COD	1.125
					石油类	0.6411
2				1:20:50	COD	1.338
					石油类	0.9053

从表 4 - 3 - 14 中可以看出，在此条件下兼顾 COD 和石油类的吸附，可以取得较好的效果。

再将两组正交试验在相同条件下进行对比，其结果见图 4 - 3 - 26 ~ 图 4 - 3 - 29：

从图 4 - 3 - 26 中可以看出，两组正交试验在相同条件下，第二组试验中 COD 去除率和吸附量均明显好于第一组试验。其原因可能是第二组试验中粉煤灰先与含污染物很少的冲灰水完全混合，干粉煤灰得以完全被液体浸润，有利于其吸附能力的充分发挥。

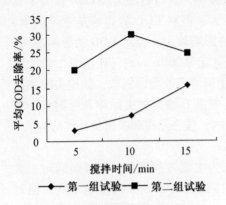

（a）搅拌时间对 COD 去除率的影响

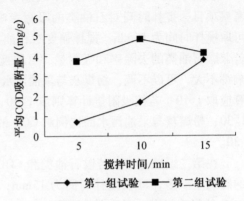

（b）搅拌时间对 COD 吸附量的影响

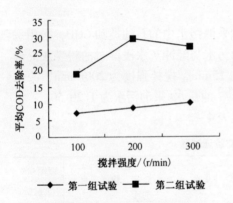

（c）搅拌强度对 COD 去除率的影响

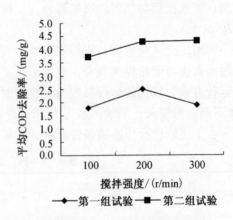

（d）搅拌强度对 COD 吸附量的影响

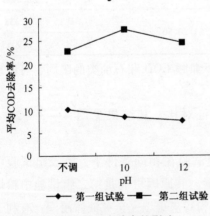

（e）pH 对 COD 去除率的影响

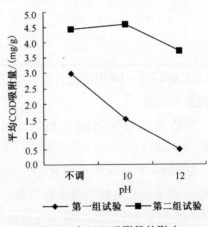

（f）pH 对 COD 吸附量的影响

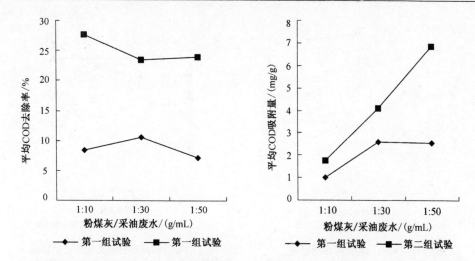

（g）粉煤灰/采油污水对 COD 去除率的影响　（h）粉煤灰/采油污水对 COD 吸附量的影响

图 4 - 3 - 26　两组试验操作参数对 COD 吸附的影响

从图 4 - 3 - 27 中可以看出，两组试验条件对石油类吸附量影响相差不大；而对于石油类去除率，在有的条件下就有很大的反差；不过吸附量更能反映吸附本质。

从图 4 - 3 - 28 中可以看出，粉煤灰对氨氮的吸附量在两组试验操作条件下都很小，但第一组略好于第二组。

从图 4 - 3 - 29 中可以看出，第一组试验对挥发酚的效果要明显好于第二组试验。

综合分析两种操作条件对污染物的吸附，如果主要考虑 COD 和石油类，第二组试验条件要明显好于第一组试验条件，即将粉煤灰先与冲灰水混合再与采油污水混合反应，有利于粉煤灰吸附能力的发挥。

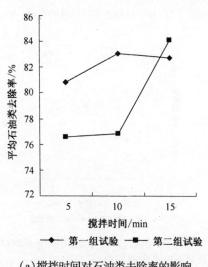

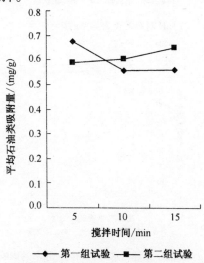

（a）搅拌时间对石油类去除率的影响　　　　（b）搅拌时间对石油类吸附量的影响

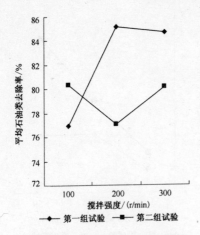

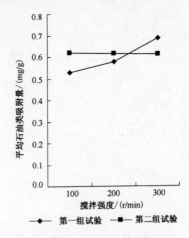

(c)搅拌强度对石油类去除率的影响　　(d)搅拌强度对石油类吸附量的影响

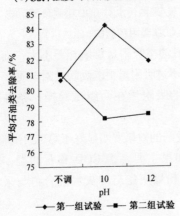

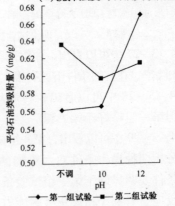

(e)pH 对石油类去除率的影响　　　(f)pH 对石油类吸附量的影响

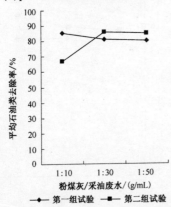

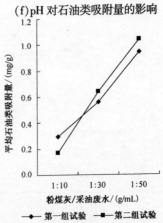

(g)粉煤灰/采油污水对石油类去除率的影响　　(h)粉煤灰/采油污水对石油类吸附量的影响

图 4-3-27　两组试验操作参数对石油类吸附的影响

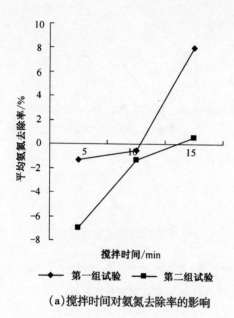

（a）搅拌时间对氨氮去除率的影响

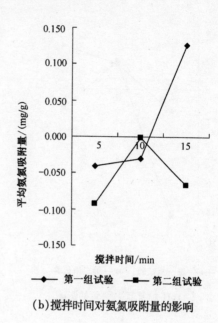

（b）搅拌时间对氨氮吸附量的影响

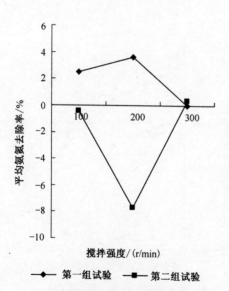

（c）搅拌强度对氨氮去除率的影响

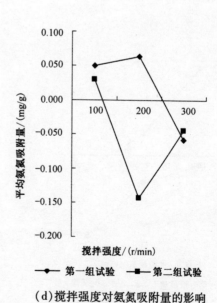

（d）搅拌强度对氨氮吸附量的影响

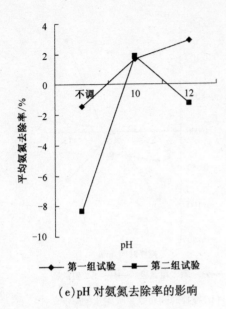

（e）pH 对氨氮去除率的影响

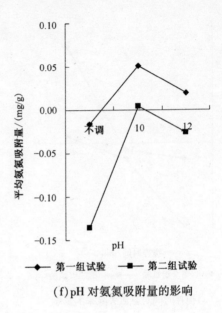

（f）pH 对氨氮吸附量的影响

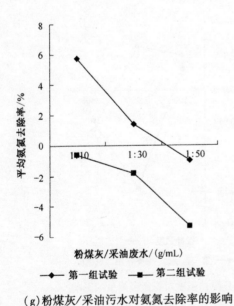

（g）粉煤灰/采油污水对氨氮去除率的影响

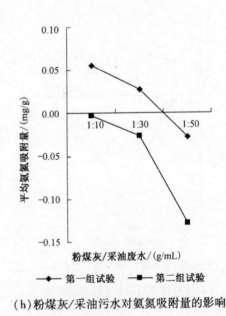

（h）粉煤灰/采油污水对氨氮吸附量的影响

图 4 - 3 - 28　两组试验操作参数对氨氮吸附的影响

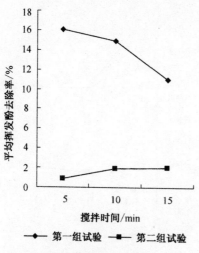

（a）搅拌时间对挥发酚去除率的影响

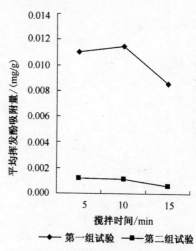

（b）搅拌时间对挥发酚吸附量的影响

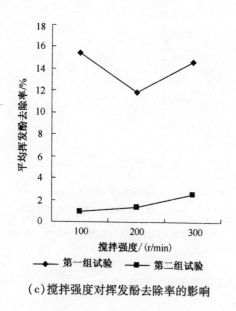

（c）搅拌强度对挥发酚去除率的影响

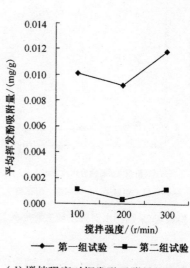

（d）搅拌强度对挥发酚吸附量的影响

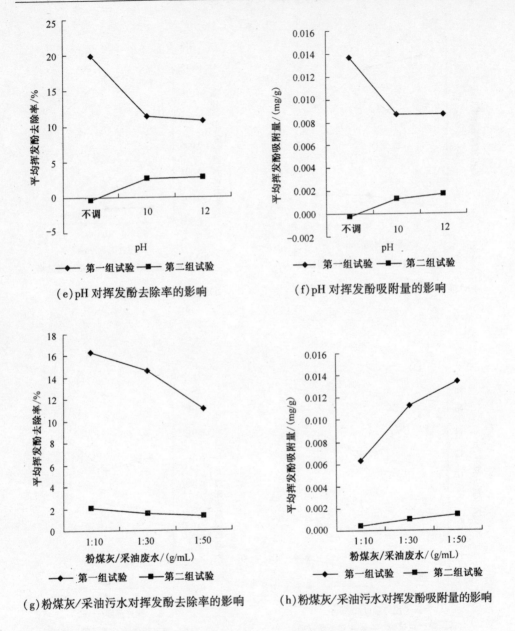

（e）pH 对挥发酚去除率的影响

（f）pH 对挥发酚吸附量的影响

（g）粉煤灰/采油污水对挥发酚去除率的影响

（h）粉煤灰/采油污水对挥发酚吸附量的影响

图 4-3-29　两组试验操作参数对挥发酚吸附的影响

六、吸附等温线

1. COD 吸附等温线

用采油污水与自来水分别配成不同浓度 COD 的水样。COD 的浓度分别为

566.85、548.04、529.23、510.41、491.60、472.79、453.98、435.17、416.35、397.54、378.73、359.92、341.11、322.29、303.48、284.67、265.86、247.05、228.23、209.42、190.61、171.80、152.99、134.17、115.36、96.55、77.74、58.93、40.11、21.30 和 2.49（以上数字单位均为 mg/L）。水样与 100 g 粉煤灰（其中煤灰 70 g、炉渣 30 g）完全混合，灰水比为 1:30，温度 25℃，pH7.2～7.8，机械搅拌 10min，搅拌速度 300 r/min，沉淀 20min 后，测定上清液中 COD 浓度。以平衡浓度为横坐标，COD 吸附量为纵坐标，粉煤灰对 COD 的吸附等温线见图 4 - 3 - 30。

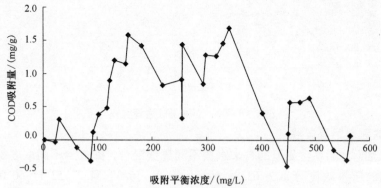

图 4 - 3 - 30　COD 吸附等温线

从图 4 - 3 - 30 中可以看出，当 COD 平衡浓度小于 150mg/L 时，COD 的吸附量大体呈直线上升趋势，可以理解为单分子层吸附逐渐占满吸附剂表面；当 COD 平衡浓度为 150～550mg/L 范围，吸附等温线呈现为 1 个宽的高平台和 1 个窄的低平台，这可能是采油污水组分复杂，特别是含有多种表面活性剂，在 COD 达到这个浓度范围内，不同种表面活性剂所达到的浓度与各自的 CMC 间存在不同的关系，对吸附产生不同的影响所致。

2. 石油类吸附等温线

用采油污水与自来水分别配成不同浓度石油类的水样。石油类的浓度分别为 25.30、24.46、23.61、22.77、21.93、21.08、20.24、19.40、18.55、17.71、16.87、16.02、15.18、14.34、13.49、12.65、11.81、10.96、10.12、9.28、8.43、7.59、6.75、5.90、5.06、4.22、3.37、2.53、1.69、0.84 和 0（以上数字单位均为 mg/L）。水样与 100 g 粉煤灰（其中煤灰 70 g、炉渣 30 g）完全混合，灰（W）水（V）比为 1:30，温度 25℃，pH7.2～7.8，机械搅拌 10min，搅拌速度 300 r/min，沉淀 20min 后，测定上清液中石油类浓度。以平衡浓度为横坐标，石油类吸附量为纵坐标，粉煤灰对石油类的吸附等温线见图 4 - 3 - 31。

从图 4 - 3 - 31 中可以看出，石油类的吸附等温线基本符合 Giles 等人描述的吸附等温线 L 型，即等温线起始部分斜率较大，并凹向平衡浓度轴。这表明粉煤灰对石油类的吸附受采油污水中其他物质竞争吸附的影响不大，石油类分子线性的以长轴平行吸附于固体表面，即石油类分子开始是平躺着，然后随浓度上升逐步取较为直立的姿势。当表面被占满以后再开始第二层吸附。

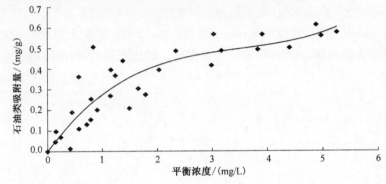

图 4 – 3 – 31 石油类吸附等温线

3. 氨氮吸附等温线

将采油污水与不含氨氮的自来水按不同比例混合，配成含不同浓度氨氮的水样。氨氮的质量浓度分别为 62.5、60.4、58.3、56.3、54.2、52.1、50.0、47.9、45.8、43.8、41.7、39.6、37.5、35.4、33.3、31.3、29.2、27.1、25.0、22.9、20.1、18.8、16.7、14.6、12.5、10.4、8.33、6.25、4.17、2.08 和 0(以上数字单位均为 mg/L)。水样与 100 g 粉煤灰(其中煤灰 70 g、炉渣 30 g)完全混合，灰(W)水(V)比为 1:30，温度 25℃，pH7.2 ~ 7.8，机械搅拌 10min，搅拌速度 300r/min，沉淀 20min 后，测定上清液中氨氮的浓度。其吸附等温线见图 4 – 3 – 32。

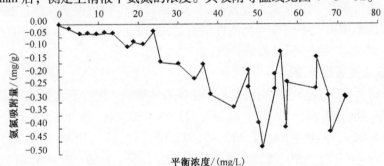

图 4 – 3 – 32 氨氮吸附等温线

从图 4 – 3 – 32 中可以看出，氨氮的整个吸附等温线均位于横轴的下方，即为负吸附。当吸附平衡浓度小于 25mg/L 时，图形基本呈一条曲线，其起始部分斜率较大，并凸向吸附量轴；在平衡浓度 5 ~ 15mg/L 时出现吸附量的平台区后吸附量继续下降。这表明在平衡浓度较低阶段，氨氮较污水中的其他物质更不易被吸附，其他被吸附的物质通常是线性或平面分子，且其长轴或平面平行吸附于吸附剂表面，导致氨氮几乎全部被推出吸附层。

4. 挥发酚吸附等温线

将采油污水与不含挥发酚的自来水按不同比例混合，配成含不同浓度挥发酚的水样。挥发酚的质量浓度分别为 2.47、2.39、2.31、2.22、2.14、2.06、1.98、1.89、1.81、1.73、1.65、1.56、1.48、1.40、1.32、1.24、1.15、1.07、0.988、0.906、0.823、0.741、0.659、0.576、0.494、0.412、0.329、0.247、0.165、0.082 和 0(以上数字单位均为 mg/L)。水样与 100 g 粉煤灰(其中煤灰 70 g、炉渣 30 g)完全混合，灰(W)水(V)比为 1：30，温度 25℃，pH 值 7.2~7.8，机械搅拌 10min，搅拌速度 300 r/min，沉淀 20min 后，测定上清液中挥发酚的浓度。其吸附等温线见图 4 - 3 - 33。

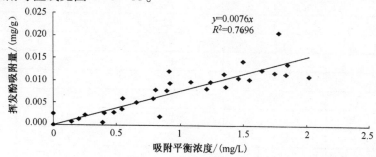

图 4 - 3 - 33　挥发酚吸附等温线

从图 4 - 3 - 33 中可以看出，在采油污水这样复杂的系统中，挥发酚的吸附等温线的拟和度不是很好，R^2 只有 0.7696，但仍可以看出其趋势是一条直线，其数学表达式为 $q = 0.0076C$，这可以看作是单分子层吸附，即 Langmuir 吸附的平衡浓度较低阶段。实际上，由于挥发酚在液相中的浓度较小，并未占据单层吸附的一层。

粉煤灰吸水润湿后，表面会吸附一定量的羟基，由于苯酚也有羟基，且其与苯环相连，分子内形成大 π 健，使其与不带苯环的羟基发生交换作用。而这种力较分子间范德华力要强，导致在采油污水的混合体系中，粉煤灰对苯酚吸附所受到的影响相对其他污染物而言要小得多。

七、两段操作吸附试验

在采油污水的水量和水质不变以及采用粉煤灰直接与采油污水混合方式的条件下，改变加灰的操作方式，即将定量的粉煤灰分两批加入，并改变两批灰量的比例、时间间隔、搅拌强度和 pH 值。在加入第一批粉煤灰搅拌 10min 沉淀后，再加入第二批粉煤灰搅拌 10min，静沉 20min 取上清液采样分析。其中采油污水

COD 559.0mg/L、石油类16.2mg/L、氨氮41.0mg/L、挥发酚2.33mg/L。具体的操作参数及结果见表4-3-15~表4-3-20，图4-3-34~图4-3-41。

表4-3-15　两段吸附试验表头

序号	A. 两段加灰比例/(g/g)	B. 两段加灰时间间隔/min	C. 两段搅拌强度/(r/min: r/min)	D. pH
1	7:3	20	300:100	10:不调
2	5:5	30	300:300	不调:不调
3	3:7	40	100:300	不调:10

表4-3-16　两段吸附试验设计表

试验号	A	B	C	D
1	1	1	1	1
2	1	2	2	2
3	1	3	3	3
4	2	1	2	3
5	2	2	3	1
6	2	3	1	2
7	3	1	3	2
8	3	2	1	3
9	3	3	2	1

　　根据两段正交试验的结果，各选取COD、石油类、氨氮和挥发酚的去除率和吸附量两个指标进行结果分析。

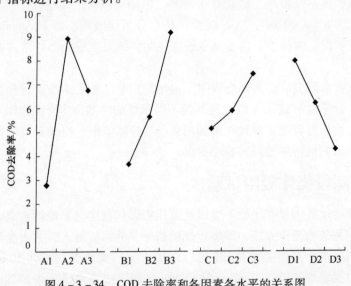

图4-3-34　COD去除率和各因素各水平的关系图

表4-3-17　两段吸附试验COD计算结果分析表

	试验计划				试验结果	
试验号	A	B	C	D	去除率/%	吸附量/(mg/g)
1	1	1	1	1	1.11	0.186
2	1	2	2	2	2.04	0.342
3	1	3	3	3	5.19	0.870
4	2	1	2	3	4.28	0.717
5	2	2	3	1	11.50	1.929
6	2	3	1	2	10.97	1.833
7	3	1	3	2	5.56	0.933
8	3	2	1	3	3.35	0.561
9	3	3	2	1	11.31	1.896
去除率　$T1$	8.34	10.95	15.43	23.92	$T=55.31$	$T=9.267$
$T2$	26.75	16.89	17.63	18.57		
$T3$	20.22	27.47	22.25	12.82		
$\overline{T_1}$	2.78	3.65	5.14	7.97		
$\overline{T_2}$	8.92	5.63	5.88	6.19		
$\overline{T_3}$	6.74	9.16	7.42	4.27		
极差	6.14	5.51	2.28	3.70		
吸附量　$T1$	1.398	1.836	2.580	4.011		
$T2$	4.479	2.832	2.955	3.108		
$T3$	3.390	4.599	3.732	2.148		
$\overline{T_1}$	0.466	0.612	0.860	1.337		
$\overline{T_2}$	1.493	0.944	0.985	1.036		
$\overline{T_3}$	1.130	1.533	1.244	0.716		
极差	1.027	0.921	0.384	0.621		

　　从表4-3-17和图4-3-34、图4-3-35可以看出，两段加灰比例对COD的去除率和吸附量影响最大，应取2水平最好，即两段加灰比例为5:5；两段加灰时间间隔次之，取3水平最好，即两段加灰时间间隔为40min；两段pH值比例再次，应取1水平最好，即两段pH值比例为10:不调；两段搅拌强度影响最小，说明两段搅拌强度在试验范围内无论取何水平对COD的去除率和吸附量影响不大，从计算结果看，应取3水平最好，即两段搅拌强度为100:300(r/min)。

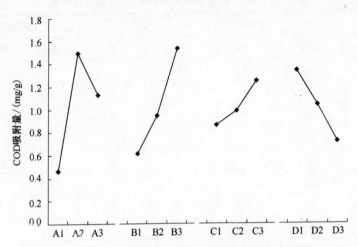

图 4 – 3 – 35　COD 吸附量和各因素各水平的关系图

表 4 – 3 – 18　两段吸附试验石油类计算结果分析表

		试验计划				试验结果	
试验号		A	B	C	D	去除率/%	吸附量/（mg/g）
1		1	1	1	1	87.4	0.425
2		1	2	2	2	85.3	0.415
3		1	3	3	3	87.7	0.426
4		2	1	2	3	74.8	0.364
5		2	2	3	1	79.9	0.388
6		2	3	1	2	80.4	0.391
7		3	1	3	2	86.9	0.422
8		3	2	1	3	85.8	0.417
9		3	3	2	1	88.1	0.428
去除率	T_1	260.4	249.1	253.6	255.4	$T = 749.6$	$T = 3.676$
	T_2	235.1	251.0	248.2	245.9		
	T_3	260.8	256.2	254.5	248.3		
	$\overline{T_1}$	86.8	83.0	84.5	85.1		
	$\overline{T_2}$	78.4	83.7	82.7	82.0		
	$\overline{T_3}$	86.9	85.4	84.8	82.8		
	极差	8.5	2.4	2.1	3.1		

续表

	试验计划				试验结果	
试验号	A	B	C	D	去除率/%	吸附量/(mg/g)
吸附量 T_1	1.266	1.211	1.233	1.241		
T_2	1.143	1.220	1.207	1.228		
T_3	1.267	1.245	1.236	1.207		
$\overline{T_1}$	0.422	0.404	0.411	0.414		
$\overline{T_2}$	0.381	0.407	0.402	0.409		
$\overline{T_3}$	0.422	0.415	0.412	0.402		
极差	0.040	0.011	0.010	0.012		

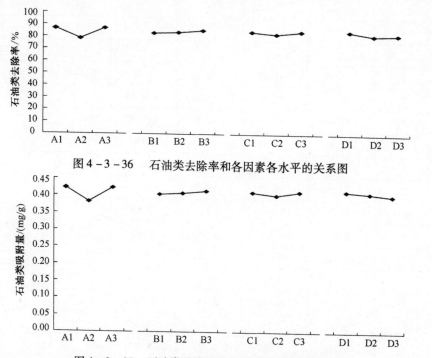

图 4-3-36   石油类去除率和各因素各水平的关系图

图 4-3-37   石油类吸附量和各因素各水平的关系图

从表 4-3-18 和图 4-3-36、图 4-3-37 可以看出，两段加灰比例对石油类的去除率和吸附量影响最大，应取 3 水平最好，即两段加灰比例为 3∶7；两段 pH 值比例次之，应取 1 水平最好，即两段 pH 值比例为 10∶不调；两段加灰时间间隔再次，取 3 水平最好，即两段加灰时间间隔为 40min；两段搅拌强度影响最小，说明两段搅拌强度在试验范围内无论取何水平对石油类的去除率和吸附量影响不大，从计算结果看，应取 3 水平最好，即两段搅拌强度为100∶300(r/min)。

表4-3-19　两段吸附试验氨氮计算结果分析表

试验号		试验计划				试验结果	
		A	B	C	D	去除率/%	吸附量/(mg/g)
1		1	1	1	1	-0.490	-0.015
2		1	2	2	2	-36.34	-0.447
3		1	3	3	3	-27.56	-0.339
4		2	1	2	3	-18.29	-0.225
5		2	2	3	1	0.98	0.012
6		2	3	1	2	-13.66	-0.168
7		3	1	3	2	-24.88	-0.306
8		3	2	1	3	-21.95	-0.270
9		3	3	2	1	1.71	0.021
去除率	T_1	-64.39	-43.66	-36.10	2.20	$T=-140.48$	$T=-1.737$
	T_2	-30.97	-57.31	-52.92	-74.88		
	T_3	-45.12	-39.51	-51.46	-67.80		
	$\overline{T_1}$	-21.46	-14.55	-12.03	0.730		
	$\overline{T_2}$	-10.32	-19.10	-17.64	-24.96		
	$\overline{T_3}$	-15.04	-13.17	-17.15	-22.60		
	极差	11.14	5.93	5.61	25.69		
吸附量	T_1	-0.801	-0.546	-0.453	0.018		
	T_2	-0.381	-0.705	-0.651	-0.921		
	T_3	-0.555	-0.486	-0.633	-0.834		
	$\overline{T_1}$	-0.267	-0.182	-0.151	0.006		
	$\overline{T_2}$	-0.127	-0.235	-0.217	-0.307		
	$\overline{T_3}$	-0.185	-0.162	-0.211	-0.278		
	极差	0.140	0.073	0.066	0.313		

　　从表4-3-19和图4-3-38、图4-3-39可以看出，两段pH值比例对氨氮的去除率和吸附量影响最大，应取 1 水平最好，即两段pH值比例为10∶不调；两段加灰比例次之，取 2 水平最好，即两段加灰比例5∶5；两段加灰时间间隔再次，取 3 水平最好，即两段加灰时间间隔为40min；两段搅拌强度比例影响最小，说明

两段搅拌强度比例在试验范围内无论取何水平对氨氮的去除率和吸附量影响不大，从计算结果看，应取 1 水平最好，即两段搅拌强度比例为300：100(r/min)。

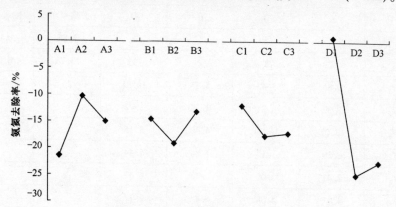

图 4 - 3 - 38　氨氮去除率和各因素各水平的关系图

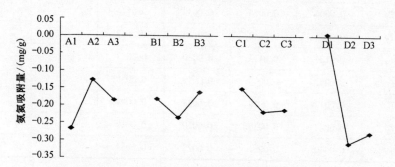

图 4 - 3 - 39　氨氮吸附量和各因素各水平的关系图

表 4 - 3 - 20　两段吸附试验挥发酚计算结果分析表

试验号	试验计划				试验结果	
	A	B	C	D	去除率/%	吸附量/(mg/g)
1	1	1	1	1	0	0
2	1	2	2	2	-0.43	-0.0003
3	1	3	3	3	1.29	0.0009
4	2	1	2	3	3.00	0.0021
5	2	2	3	1	2.58	0.0018
6	2	3	1	2	1.72	0.0012
7	3	1	3	2	0.43	0.0003

续表

	试验号	试验计划				试验结果	
		A	B	C	D	去除率/%	吸附量/（mg/g）
	8	3	2	1	3	3.86	0.0027
	9	3	3	2	1	13.73	0.0096
去除率	T_1	0.86	3.43	5.58	16.31	$T=26.18$	$T=0.0183$
	T_2	7.30	6.01	16.30	1.72		
	T_3	18.02	16.74	4.30	8.15		
	$\overline{T_1}$	0.29	1.14	1.86	5.44		
	$\overline{T_2}$	2.43	2.00	5.43	0.57		
	$\overline{T_3}$	6.01	5.58	1.43	2.72		
	极差	5.72	4.44	4.00	4.87		
吸附量	T_1	0.0006	0.0024	0.0039	0.0114		
	T_2	0.0051	0.0042	0.0114	0.0012		
	T_3	0.0126	0.0117	0.0030	0.0057		
	$\overline{T_1}$	0.0002	0.0008	0.0013	0.0038		
	$\overline{T_2}$	0.0017	0.0014	0.0038	0.0004		
	$\overline{T_3}$	0.0042	0.0039	0.0010	0.0019		
	极差	0.0040	0.0031	0.0028	0.0034		

从表 4-3-20 和图 4-3-40、图 4-3-41 可以看出，两段加灰比例对挥发酚的去除率和吸附量影响最大，应取 3 水平最好，即两段加灰比例 3∶7；两段 pH 值比例次之，取 1 水平最好，即两段 pH 值比例为 10∶不调；两段加灰时间间隔再次应取 3 水平最好，即两段加灰时间间隔为 40min；两段搅拌强度影响最小，说明两段搅拌强度在试验范围内无论取何水平对挥发酚的去除率和吸附量影响不大，从计算结果看，应取 2 水平最好，即两段搅拌强度比为 300∶300（r/min）。

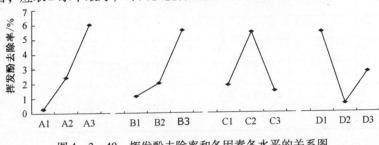

图 4-3-40　挥发酚去除率和各因素各水平的关系图

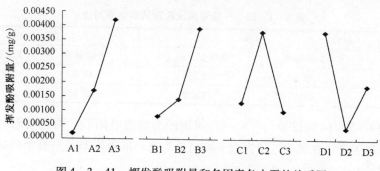

图 4 - 3 - 41　挥发酚吸附量和各因素各水平的关系图

从两段吸附试验可以看出，粉煤灰吸附的主要成分依然是 COD 和石油类。对两段吸附试验综合评价见表 4 - 3 - 21。

表 4 - 3 - 21　两段吸附试验综合评价表

项　　目		影响因素影响排序				最佳参数
		1	2	3	4	
COD	去除率	A	B	D	C	$A_2B_3C_3D_1$
	吸附量					
石油类	去除率	A	D	B	C	$A_3B_3C_3D_1$
	吸附量					
氨氮	去除率	D	A	B	C	$A_2B_3C_1D_1$
	吸附量					
挥发酚	去除率	A	D	B	C	$A_3B_3C_2D_1$
	吸附量					

从表 4 - 3 - 21 中可以看出，综合 COD、石油类、氨氮和挥发酚 4 个主要检测项目，两段加灰比例对吸附的效果影响最大；若只看 COD 和石油类两个检测项目，结果同样如此。因而两段吸附的最佳参数为 $A_3B_3C_3D_1$，即两段加灰比例为 3：7，采用先少后多的加灰方式；两段加灰时间间隔为 40min，尽可能将两个加灰点的距离延长；两段搅拌强度比例为 100：300（r/min），采用先慢搅后快搅的搅拌方式；pH 值的比例为 10：不调，可先将采油污水调成碱性与第一段粉煤灰混合。

相同条件下的一段法和两段法吸附试验对比结果见表 4 - 3 - 22。

表4-3-22　一段和两段吸附试验结果对比

项目	COD		石油类	
	去除率/%	吸附量/(mg/g)	去除率/%	吸附量/(mg/g)
一段法	10. 6	2. 576	81. 3	0. 559
两段法	6. 15	1. 030	83. 3	0. 408

从表4-3-14可以看出，将一段吸附改为两段吸附后，两段吸附对污染物去除率和吸附量，在试验范围内大多数结果均比一段吸附差，只有个别结果好于一段吸附。

八、单组分吸附试验

在吸附等温线试验中分析了粉煤灰吸附氨氮和挥发酚的机理，为了进一步检验这种分析是否正确，进行以下单组分试验。

分别用蒸馏水配制一定浓度 NH_4Cl 和苯酚的系列溶液，各取 3000mL 作为试液，试液均与 100g 粉煤灰(其中煤灰70g、炉渣30g)混合。即灰(W)水(V)比为 1∶30，温度 25℃，pH 7.2 ~ 7.8，机械搅拌 10min，搅拌速度 300 r/min，沉淀 20min 后，分别测定上清液中氨氮和挥发酚的浓度。其各自的吸附等温线见图 4-3-42 ~ 图4-3-43。

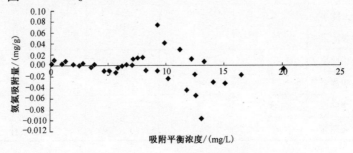

图4-3-42　氨氮吸附等温线

从图4-3-42中可以看出，以 NH_4Cl 配水，并用粉煤灰吸附，其吸附等温线在横轴附近摆动，表明粉煤灰对氨氮几乎没有吸附。由于氨氮在水中的溶解度很大，因而不易被吸附在粉煤灰表面。

从图4-3-43中可以看出，粉煤灰对苯酚的吸附等温线也近似为一直线，同样可以认为是苯酚所带的羟基与粉煤灰表面的羟基发生交换作用所致。

九、现场粉煤灰中的微生物

选取粉煤灰贮灰场和氧化塘的几个有代表性取样点的粉煤灰样品，电镜扫描观察微生物在其中的生长情况。其中1#样为混合液进口处沉积的粉煤灰，2#样为

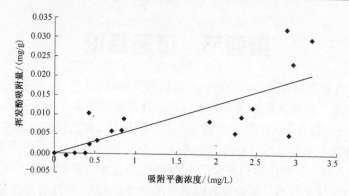

图 4 - 3 - 43　挥发酚吸附等温线

氧化塘底部的稀泥状粉煤灰，3#样为氧化塘岸边较潮湿的粉煤灰，4#样为贮灰场中的干粉煤灰。

从图 4 - 3 - 44 中可以看出，在混合液进口、氧化塘底泥和岸边的粉煤灰样品中均发现一定量的微生物，而在贮灰场的干粉煤灰中，只观察到一些丝状的连接物。因而可以认为，在现场的采油污水与粉煤灰混合后进入贮灰场及氧化塘处理体系中，微生物降解采油污水中的污染物的场所不是堆灰层而是氧化塘。

（a）混合液进口粉煤灰

（b）氧化塘底部粉煤灰

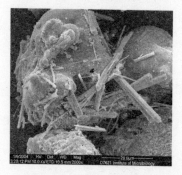

（c）氧化塘岸边粉煤灰

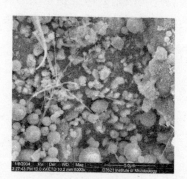

（d）贮灰场中粉煤灰

图 4 - 3 - 44　现场粉煤灰样品的电镜照片

第四节 试验结论

经过室内和现场级正交试验研究，得出如下结论：

① 胜利电厂粉煤灰由煤灰和炉渣组成，其质量比为 7:3；粉煤灰的比表面积为 0.812m²/g；粉煤灰的主要成分是 SiO_2 和 Al_2O_3，二者之和的质量大于 80%。

② 粉煤灰与水混合后，粉煤灰中有显示 COD 物质的溶出，由于搅拌方式和搅拌强度的不同，该溶出物对采油污水 COD 吸附速率的影响程度不同。

③ 实验室试验表明，粉煤灰吸附去除采油污水 COD 较佳的操作参数：灰(g)水(mL)比为 1:35，pH 为 10，温度为 35℃，振摇 48h，120r/min；COD 平均吸附量为 1.0mg/g，COD 去除率达 40%；由于粉煤灰和采油污水均为多组分体系，在固液界面发生多种吸附作用，导致 COD 吸附等温线呈跳跃状。

④ 现场 2 组正交试验表明，粉煤灰吸附净化采油污水的较佳操作参数是：搅拌 15min，200r/min，原水 pH 值不调，粉煤灰先与冲灰水混合再与采油污水混合粉煤灰(g):冲灰水(mL):采油污水(mL) 为 1:20:50 的处理效果好于粉煤灰直接与采油污水混合粉煤灰(g):采油污水(mL) 为 1:30。在此条件下，粉煤灰对采油污水中石油类、COD 和挥发酚的去除率分别为 80%、20% 和 10%，对石油类和COD 的吸附量为 0.91mg/g 和 1.34mg/g，氨氮呈负吸附。

⑤ 吸附容量实验表明：随着采油污水的增加，胜利电厂粉煤灰对 COD 的最大吸附量为 10.1mg/g，对石油类的最大吸附量为 1.4mg/g。

⑥ 石油类、COD、挥发酚和氨氮的吸附等温线呈现各自的特征，其原因是粉煤灰和采油污水均为多组分体系，固液界面吸附过程复杂。

⑦ 吸附作用净化采油污水后的粉煤灰层中少见微生物菌群，组合工艺中微生物对采油污水中污染物质的降解场所不是粉煤灰层，而是氧化塘。

⑧ 被粉煤灰吸附的污染物质不易解吸再释放到覆盖水体（氧化塘）中。

⑨ 粉煤灰吸附处理采油污水不宜采用固定床等床式操作方式。

第五章

"粉煤灰 + 氧化塘" 工程处理效果评价

第一节　工程建设简介

现河首站是胜利油田采油污水中污染最严重的排放口，其外排采油污水水温为 50 ~ 65℃，矿化度为 30000 ~ 40000mg/L，COD 为 500 ~ 800mg/L，氨氮为40 ~ 60mg/L，挥发酚为 3 ~ 5mg/L，氯化物为 19200 ~ 20000mg/L、石油类为 3 ~ 16mg/L。

2001 年，针对现河采油厂首站采油污水达标治理中存在的问题，根据现河采油厂离胜利油田发电厂贮灰场距离较近，结合当地的自然、地理优势和粉煤灰呈碱性且具有吸附作用的特性，采用利用胜利油田电厂粉煤灰及灰场氧化塘处理现河首站采油污水(国内尚无先例)，于 2002 年开始工程建设并投入运行。与其他技术相比，具有工程投资省、运行成本低、抗冲击能力强的特点。处理水量为 10000m³/d，比原有技术节约工程投资 1600 余万元，运行成本每年节约成本 900 万元左右。采油污水经"粉煤灰吸附 + 氧化塘"工艺处理后基本达到《污水综合排放标准》(GB 8978—1996) 中的二级标准排放。粉煤灰氧化塘工程的实际运行情况如图 5 - 1 - 1 所示。

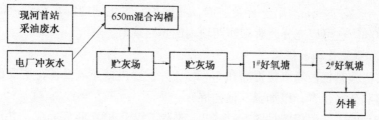

图 5 - 1 - 1　粉煤灰氧化塘工程运行流程

但是，随着油田采出液量的不断增加，剩余污水越来越多，急需寻求解决途径。如何发挥粉煤灰预处理和氧化塘工程的潜力，确定较优的工艺参数，从而处理更大规模的采油污水并实现达标排放，成为迫切需要研究解决的问题。因此，必须对粉煤灰和氧化塘的去除机理，工程实施后对粉煤灰再利用，对灰场水的回收再利用，以及对周围环境的影响都要进行深入细致的研究，摸清采油污水的处理机理，更进一步的提高采油污水的处理效率，增加采油污水的处理量，以便为工程运行管理、扩大及推广应用提供科学准确的依据。并使处理后的采油污水达到新出台的《山东省半岛流域水污染物综合排放标准》（DB37/676—2007）中对 COD 等外排采油污水中主要污染物的更加严格的排放标准。

2006～2007 年，开展了粉煤灰吸附处理采油污水的吸附能力和吸附机理以及氧化塘处理采油污水的机理研究。在试验研究的基础上，结合粉煤灰场的实际情况，提出了工程改造方案，使处理负荷达到 $22000m^3/d$，处理后的采油污水达到新标准排放。

具体改造思路主要根据实验结果结合工程的实际情况，优化灰水比、搅拌强度、搅拌时间等工艺参数，并对氧化塘等进行改造，以提高处理效率和处理负荷。具体的改造内容包括：

(1)混合渠的建设

冲灰水和采油污水的混合时间不足，会严重降低粉煤灰的吸附效果，从而增大塘的负荷，影响水的处理效果。根据研究结果，最终设计确定了 650m 的混合渠，并使其落差达到 1.5m，在混合渠上设置了挡板，保证混合效果，从而保证了足够的搅拌时间和搅拌强度。

(2)氧化塘中水流短路改造对策

目前氧化塘的过流长度为：西塘 600～700m，东塘 350～900m。灰场内主要作用是粉煤灰吸附和灰水分离，大量实验和现场数据证明混合和分离 0.5～12h 结果相差不大。因此，灰场中的短流对污水处理影响不大。而对达标外排产生主要影响的是两座氧化塘，故在两氧化塘中在现有浅水部分基础上加设导流堤，这样可减少大量水下作业。所加堤坝为低土坝，堤坝顶高出水面 0.2～0.3m，顶宽 1m 左右，底宽 7～8m。用土装袋垒成，易保护。氧化塘内的水流过流的长度最少为 1800m。这可以充分改善东西两塘内的短路现象。

(3)加强氧化塘的供氧

主要措施是把西塘水位提高 0.5～1m，并设置机械充氧设备，主要设在可能出现短路和死区位置，以加强其横向混合。

改造后的工艺流程图见图 5－1－2。改造工程于 2007 年底完成，并达到进水条件。

该工程充分利用胜利电厂粉煤灰这一有利条件，创造性地采用了"粉煤灰吸附＋氧化塘"处理工艺，具有出水水质比较稳定、管理维护方便、处理成本低廉的特点，节省工程费用数千万元，处理成本不到 0.3 元/m^3，解决了国内外许多专业公司束手无策的难题。而且每天电厂回用处理过的采油污水约 2 万吨，直接作为冲灰水，节约了大量宝贵的新鲜水资源。

进水管线: 从左边起第1、2根为现河进水管线, 3~6根为电厂一期进水管线, 7~9根为电厂二期进水管线, 第10根为王岗联进水管。

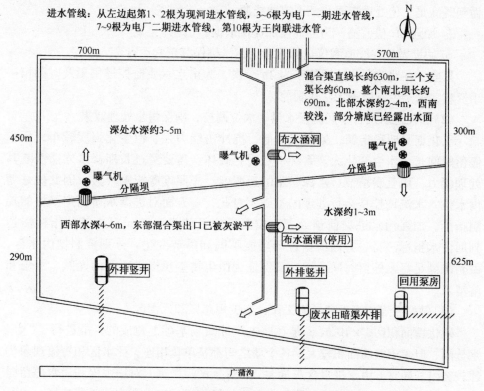

图 5 – 1 – 2   改造后粉煤灰场平面布置示意图

第二节   工程运营管理中的措施

在本工程的运营管理中，根据实际情况提出了运行管理措施，以保证工程的实际处理效果。

（1）加强进出和各流程水质监控，为运行管理提供量化依据

处理场来水成分复杂，污水在塘内停留时间长，准确掌握各项水质参数是运行管理的基础

① 加强进出水和塘内各流程 COD、氨氮和石油类等污染物浓度监测，及时、准确掌握水质水量变化情况；

② 加强冲灰水中含灰量等指标监测，动态掌握粉煤灰吸附效果变化情况；

③ 根据季节和水质变化情况，加强塘内生物相监测，对各氧化塘藻类、细菌、浮游生物种类和浓度变化进行分析，关注能表征水质波动的微生物变化情

况，确定调控重点；

④加强塘内溶解氧浓度监测，根据其浓度变化情况调整曝气机开关数量，做到既满足生化处理需要，又不浪费能源；

⑤加强 pH 值监测，为药剂投加提供依据；

⑥协助做好在线监测仪运行管理工作，确保其正常运行。

目前，在线监测仪监测频率为 2h 一次，为出水水质监控提供了及时的第一手资料，这是手动监测无法达到的。

(2)加强进水及各中间流程水量、水位调控，确保污水处理效果

氧化塘又叫稳定塘，处理成本低，抗冲击能力强，但生化强度较小，污水停留时间长，水温变化大。系统一旦受到破坏，需要经过长期修复才能恢复其处理能力，而且受季节、水深、水的透明度、光照度等影响较大。因此做好塘内水位、水流调控是运行处理的基础。对此，一方面对进塘水质制定严格的控制指标，加强污水进塘前预处理，控制进水石油类≤20mg/L，其他指标需达到回注水指标。另一方面根据各塘功能不同和季节变化，分别控制塘内水深，做到既满足污水停留时间要求，又保证为微生物生长提供所需的光照、水温和溶解氧。

(3)做好粉煤灰清理和导流工作，减少短路区和死水区

氧化塘面积达 $1 \times 10^6 m^3$，是在原电厂冲灰场基础上建成的，虽进行了"十"字分隔，但由于塘面面积较大，各个塘之间都是单孔相连，死水区和短流现象仍比较突出。同时，由于进水含灰量大，粉煤灰淤积严重，对塘水深和污水停留时间控制带来很大难度。对此，我们一是增加导流堤设施大大改善系统流场；二是定期进行清灰和冲灰，一方面调整水流，改进污水的流场，提高各塘的利用效率，另一方面，利用粉煤灰淤积性能，改善各塘塘底结构，控制水深，减少纵向上的死水区，以满足生化处理需要。

(4)加强曝气机运行管理，确保生化处理需要溶解氧的供应

为满足生化处理所需溶解氧的供应，选择水流集中的进出塘函洞处，在西北塘、东北塘共安装了 7 台曝气机。加强水中溶解氧及时监测，根据各塘功能、季节和天气变化，调整曝气机开机数量。同时做好曝气机保养维护工作，确保其处于最好工况，提高其运行效率。

(5)加药剂，提高生化和物理去除效率

在灰场混合渠"十字坝"交汇段建立石灰投加点，以保证经过充分消化后的石灰能够与污水充分混合，根据季节变化，调节 pH 值至 8.5 左右，增强碱性条件下氨氮的挥发作用。同时，根据监测结果，向塘内投加高效菌种和补充磷盐，提高生化性。

(6)加强日常巡视和管理，定期清除塘内丝状藻类和漂浮物

在现场设置管理岗位，不间断巡视现场，加强进出水和塘内监控力度。对塘内的漂珠等杂物，及时进行清理，以保证自然复氧和光合作用的正常进行，同时对塘内浮苔和生长过于旺盛的丝状藻类等水草进行清理。

第三节　工程运行情况及分析评价

选取改造工程完成后 2008 年 1 月至 2008 年 10 月胜利油田环境监测总站对粉煤灰氧化塘工程的监测数据进行分析。监测点位：粉煤灰场现河首站采油污水进水口（简称：来水）、粉煤灰场混合口（简称：混合口）、粉煤灰场排放口（简称：排放口）。根据现河来水的水质特点，选取监测数据中的三个主要污染指标：COD、石油类和挥发酚进行分析。各项指标的监测数据见表 5 – 3 – 1。

表 5 – 3 – 1　2008 年 1 月 ~ 2008 年 10 月粉煤灰氧化塘工程监测数据 单位：mg/L

时间	COD				石油类				挥发酚			
	来水	混合渠	外排水	标准值	来水	混合渠	外排水	标准值	来水	混合渠	外排水	标准值
2008 年 1 月	832	494	95		50	18	0.89		2.4	2.1	未检出	
2008 年 2 月	574	368	78		29	8.6	0.58		2.2	1.9	0.43	
2008 年 3 月	815	419	89		56	6.1	0.14		2.8	2.4	0.14	
2008 年 4 月	721	238	85		36	5.1	0.74		1.9	1.7	0.18	
2008 年 5 月	435	329	82	100	7	3.5	未检出	5	2.3	2.0	未检出	0.5
2008 年 6 月	531	256	86		18	4.1	未检出		2.2	1.8	0.11	
2008 年 7 月	538	285	90		78	19	0.63		2.2	1.9	未检出	
2008 年 8 月	436	318	89		8	3.4	1.13		1.4	1.3	未检出	
2008 年 9 月	182	143	70		8	3.1	0.45		1.4	1.2	未检出	
2008 年 10 月	343	212	83		5	2.9	0.56		1.8	1.6	0.13	

表 5 - 3 - 1 的数据显示，经粉煤灰吸附、氧化塘处理后各项污染指标的平均去除率为：COD 为 84.33%、石油类为 97.83%、挥发酚为 90.39%，其中吸附作用对石油类的去除率最高。

2008 年 1 月~2008 年 10 月来水、混合口、外排口的 COD、石油类、挥发酚的变化趋势图分别见图 5 - 3 - 1、图 5 - 3 - 2、图 5 - 3 - 3。

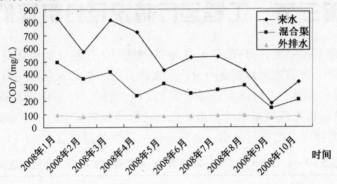

图 5 - 3 - 1   2008 年 1 月~2008 年 10 月粉煤灰氧化塘工程 COD 变化趋势图

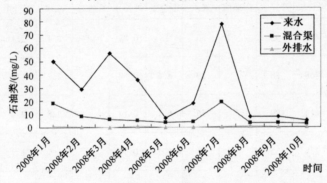

图 5 - 3 - 2   2008 年 1 月~2008 年 10 月粉煤灰氧化塘工程石油类变化趋势图

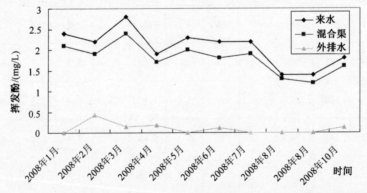

图 5 - 3 - 3   2008 年 1 月~2008 年 10 月粉煤灰氧化塘工程挥发酚变化趋势图

由图表可以看出，现河剩余采油污水经过"粉煤灰吸附 + 氧化塘"工艺处理后，能够实现达到新标准排放，通过根据实验结果优化工艺参数后，工程的处理能力和处理效果均有显著的提高。

第四节 工程运行对周围环境影响研究

"粉煤灰 + 氧化塘"处理采油污水工程的贮灰场位于东营市万泉村南部。万泉村位于山东省东营市西南部。项目中的贮灰场氧化塘是建在地面上的，类似于地面小型水库。当塘内充满水时，有可能提高塘四周地下水位，影响周围地下水的水位和水质情况，从而影响到周围地表水环境。而地下水水位上升，将有利于水分的蒸发，若不采取适合的防渗措施，将有可能加剧氧化塘四周土壤盐渍化程度。本文针对氧化塘的运行对该处环境土壤的盐碱化程度的影响以及该工程的运行对周围地表水、地下水的水质的影响进行了研究。

一、项目周围环境状况及技术路线

1. 项目周围环境状况

（1）土壤环境状况

该地区土壤分布受地貌因素制约。总起来讲，该地区土壤含盐量自东向西随地势升高，离海越远成陆时代越老，依次分布滨海潮盐土、滨海盐化潮土和小部分潮土，多中度盐渍化（含盐量在 5000mg/kg 以上）。土壤八项（汞、铜、锌、铅、铬、镉、砷和硫化物）评价因子综合污染指数（PI）为 0.71 ~ 0.95，基本未受污染。按中国植被区划本区属落叶阔叶林区，但受地貌和盐渍化等因素限制，天然植被实际以草本植物为主，其中以禾本科、菊科、梨科和豆科居多；木本植物较少，除柽柳、白刺等野生灌木外，其余乔灌木均为人工栽植。盐生植物是植物区系组成的主要特点。植物群落包括一种灌木群落（白刺灌丛）、四种草甸植物群落（翅碱蓬、白茅、獐茅和羊草群落）和一种沼生植物群落（芦苇群落）。氧化塘周围 300m 内无农田，300m 外的农田多为当地农民开荒耕种。

（2）地下水环境状况

项目所在地附近的地下水主要是潜水，地下水的补给为大气降水。灰场建成运行后，如有渗漏，也有可能成为地下水补给源。该地区浅层地下水的埋深一般在 0.9 ~ 1.4m 之间，盐度为 5.45 ~ 63.7g/kg，碱度为 6.57 ~ 9.24mg/L，属咸水，水质差，不宜饮用，也不适于灌溉，没有实用价值。因为地下水位埋藏浅，地下水矿化度高，因此土壤盐渍化严重。

（3）地表水环境状况

本工程处理后水的去向为广蒲河。广蒲河上游水质氯化物含量在 3000mg/L 左右，全盐量在 5000mg/L 左右；广蒲沟下游于支脉沟交汇处水质氯化物含量在 5500mg/L 左右，全盐量在 11000mg/L 左右。按照东营市功能区划，广蒲河的主要功能为防洪、排涝，没有灌溉功能。

2．技术路线

为了研究工程运行对工程所在地周围土壤环境和水环境的影响程度，我们在工程运行的不同时期对周围土壤、地表水、地下水质量进行了跟踪监测。具体技术路线为：

① 工程实施前：由当地地下水流向和灰场周围的自然环境状况，确定灰场周围剖面土壤、地下水、地表水取样点，进行样品采集和样品分析。

② 工程实施运行后：在相同点位采集剖面土壤，地下水和地表水，分析其中的氯化物、全盐量等相关指标。根据指标变化，明确工程运行对工程所在地周围土壤盐渍化、地下水、地表水的影响程度，摸清规律，预测发展趋势，并提出防治措施。

由于广蒲沟紧挨在灰场氧化塘的南侧，它对氧化塘南侧水体渗流起到了截渗作用，所以，氧化塘南侧地下水受到氧化塘影响较小，因此未在氧化塘南侧进行布点。土壤、地下水、地表水的具体分析项目见表 5-4-1、表 5-4-2、表 5-4-3。

表 5-4-1　土壤监测项目及分析方法

序号	监测项目	分析方法	执行标准
1	腐蚀性	玻璃电极法	GB/T15555.12—1995
2	全盐量	重量法	HJ/T51—1999
3	氯化物	硝酸银滴定法	GB/T11896—1989
4	总有机质	重铬酸钾容量法	《水和污水监测分析方法》（第三版）
5	矿物油	重量法	《环境监测分析方法》
6	总砷	二乙基二硫代氨基甲酸银分光光度法	GB/T17134—1997

表 5-4-2　地下水监测项目及分析方法

序号	监测项目	分析方法	执行标准
1	pH	玻璃电极法	GB/T6920—1992
2	氯化物	硝酸银滴定法	GB/T11896—1989
3	氟化物	茜素磺酸锆目视比色法	GB/T7482—1987
4	总磷	钼酸铵分光光度法	GB/T11893—1989

序号	监测项目	分析方法	执行标准
5	氨氮	纳氏试剂分光光度法	GB/T7479—1987
6	石油类	红外分光光度法	GB/T16488—1996
7	总砷	二乙氨基二硫代甲酸银分光光度法	GB/T7485—1987
8	全盐量	重量法	HJ/T51—1999
9	总碱度	酸碱指示剂滴定法	《水和污水监测分析方法(第三版)》
10	总汞	冷原子吸收分光光度法	GB/T7468—1987

表5-4-3　地表水监测项目及分析方法

序号	监测项目	分析方法	执行标准
1	pH	玻璃电极法	GB/T6920—1992
2	氯化物	硝酸银滴定法	GB/T11896—1989
3	COD	重铬酸钾法	GB/T11914—1989
4	氟化物	茜素磺酸锆目视比色法	GB/T7482—1987
5	总磷	钼酸铵分光光度法	GB/T11893—1989
6	氨氮	纳氏试剂分光光度法	GB/T7479—1987
7	总氮	过硫酸钾氧化—紫外可见分光光度法	GB/T11894—1989
8	挥发酚	蒸馏后4-氨基安替比林萃取分光光度法	GB/T7490—1987
9	石油类	红外分光光度法	GB/T16488—1996
10	硫化物	亚甲基蓝分光光度法	GB/T16489—1996
11	总砷	二乙氨基二硫代甲酸银分光光度法	GB/T7485—1987
12	悬浮物	重量法	GB/T11901—1989
13	全盐量	重量法	HJ/T51—1999

二、对周围土壤环境影响研究

1. 对周围土壤盐渍化影响

灰场氧化塘位于温带半湿润大陆性季风气候区，当地降水量远小于可能蒸发量；在地形上处于平原地区，排水状况不良，容易产生积盐过程；而地下水位较高，因此灰场氧化塘所在地及其附近地区土壤盐渍化程度较重。

灰场氧化塘对土壤盐渍化的影响取决于灰场氧化塘的防渗效果。如果灰场氧化塘防渗体系的防渗效果不好，则会使附近区域的地下水位升高，从而加剧土壤盐渍化程度；但若防渗效果好，不但不提高地下水位，而且深度比地下水位更低的截渗沟，还可以汇聚灰场氧化塘外面土地中的地下水，从而降低地下水位，防止土壤盐渍化。

（1）土壤盐渍化类比调查情况

由于项目中氧化塘蓄水量很大，相当于一个中小型水库，为了探讨氧化塘运行对周围土壤盐渍化的影响，我们对附近地区相似规模的水库——纯化水库——进行了土壤盐渍化情况类比调查。类比调查数据采用《胜利石油管理局纯化水库水源工程生态环境影响调查报告》的数据，类比调查采样时分别在水库东($1^#$)西($2^#$)两侧（距水库围坝约100m）进行了土壤含盐量和含水率的采样分析。

表 5 - 4 - 4　水库建成前后土壤含盐量和含水率变化情况

采样点位	深度/m	土壤含盐量/%			备注
		水库建成前		水库建成后	
		1999 年秋	2000 年春	2001 年秋	
库西	0 ~ 0.2	0.22	0.24	0.14	
	0.2 ~ 0.4	0.34	0.13	0.69	
	0.4 ~ 0.6	0.37	—	0.29	
	0.6 ~ 0.8	0.32	—	0.46	
	0.8 ~ 1.0	0.24	—	0.86	1999 年秋季采集土壤样品的前 2 天，东营市曾降小雨
库东	0 ~ 0.2	0.07	0.48	0.67	
	0.2 ~ 0.4	0.08	0.20	0.43	
	0.4 ~ 0.6	0.08	—	0.16	
	0.6 ~ 0.8	0.15	—	0.38	
	0.8 ~ 1.0	0.14	—	0.24	

由表 5 - 4 - 4 可以看出：水库建成后，在大坝后东西各 100m 处，库西的土壤含盐量比建库前有所增加，库东深度在 0.6m 以上土壤含盐量没有明显的变化，0.6m 以下土壤含盐量比建库前有所增加。但土壤本身的含盐量变化较大，这可由建库前两次监测结果的比较得到印证。另由于在 1999 年秋季采集土壤样品的前 2 天，东营市曾降小雨，使表层土壤的含盐量降低。这也是建库前后两次监测土壤含盐量变化较大的原因之一。由于这些土壤本身就是盐碱化土地，其含盐量的空间变化较大，因此还不能说明土壤盐碱化加重。从现场观测情况来看，包括库底、围坝、集水沟、截渗沟等组成的防渗体系防渗效果总体良好，在水库坝后

未发现土壤盐渍化加重的现象。

（2）灰场氧化塘建设中采取的防渗措施

围坝的处理：灰场氧化塘工程采用封闭式防渗结构，即坝基根据地质剖面图及各土层结构，采用复合土工布垂直截渗，截渗深度至2层黏土层。利用水力冲填粉煤灰振密法筑坝，减小了坝体穿涵地基与相邻坝基的沉降量及其差异，避免了灰场氧化塘蓄水后局部形成渗透通道破坏的可能性。

坝坡采用复合土工膜（二布一膜）防渗，坝坡防渗土工膜与坝基垂直衬塑黏接在一起。二期氧化塘开挖筑坝时，保留库底黏土层，这样水库围坝、坝基和库底黏土层形成一个封闭式防渗体。在铺设复合土工膜时，根据坡长选择适宜的幅宽，尽可能减少焊缝数量，在转折处每隔10m留有褶皱，留出变形余量，膜与膜之间用双缝焊接，保证施工质量。

大坝护坡在夯实、平整的坡面上铺设30cm厚的中砂垫层，其上铺设复合土工膜作为防渗层，内护坡、顶部护坡为8cm厚的混凝土，对复合土工膜防渗斜墙的保护作用更强。

灰场氧化塘的截渗、排渗措施：为及时排除坝体渗流水量，防止周围土地盐渍化，围坝下游坝坡设贴坡排水，沿围坝四周紧靠坝脚设集水沟，集中渗流则排入截渗沟。截渗沟为梯形断面，底宽1.5m，深1.5m，内边沿距坝轴线约50m。贮灰场南面的广浦沟，主要作为贮灰场外排水的输出渠道，同时又可以作为截渗沟，以防止贮灰场南面土壤盐碱化。

截渗沟截的灰场氧化塘渗水通过排涝沟排向广蒲沟。广蒲沟的水面距离地面3m以下，低于本区域地下水的最大埋深，可以有效地将灰场氧化塘渗水排出。

当地下水位高于截渗沟沟底时，地下水径流可以从截渗沟坡面腰部逸出，地下水位以下部分坡角塌入沟中，而地下水位线以上部分因为失去支撑，也渐渐坍塌。产生这种现象的直接原因是：① 土壤达到饱和水后，土粒间的黏结力和摩擦力降低，以及土壤受到地下水流的冲击等；② 灌水时田间渗漏和因降水引起的地下水上升，亦产生短时期的破坏作用。为保证截渗沟边坡的稳定，应在截渗沟底及两侧种植根系强大的植物，对阻缓径流，加固边坡有良好的作用。所以，在截渗沟两侧种植了柽柳、芦苇等耐盐植物以加固边坡。

（3）工程运行对周围土壤盐渍化状况影响

为了解灰场氧化塘周围土壤含盐量的变化，在灰场氧化塘周围进行土壤氯化物、含盐量的采样分析，土壤现场采样分析结果中与盐渍化相关的指标见表5-4-5。

表 5 – 4 – 5　土壤盐渍化相关指标变化情况

相关指标 采样时间 采样点位/剖面深度		氯化物/（g/kg）			全盐量/（g/kg）		
		2007.8	2008.4	2008.9	2007.8	2008.4	2008.9
氧化塘北 180m	0 ~ 20cm	6.75	5.97	1.40	—	6.9	6.0
	20 ~ 40cm	3.33	5.40	1.36	5.69	5.70	5.34
	40 ~ 60cm	3.88	4.23	1.54	9.14	7.20	5.60
	60 ~ 80cm	4.17	—	1.79	—		5.10
氧化塘西 105m	0 ~ 20cm	4.17	3.50	1.07	—	4.07	2.34
	20 ~ 40cm	2.84	3.02	1.02	—	3.4	1.14
	40 ~ 60cm	2.14	2.52	1.04	—	3.30	1.06
	60 ~ 80cm	2.36	—	1.00	—		7.88
氧化塘东 122m	0 ~ 20cm	13.29	7.20	4.84	—	8.59	7.44
	20 ~ 40cm	6.33	3.50	2.98	—	7.72	3.63
	40 ~ 60cm	3.85	—	3.05	—		3.38
	60 ~ 80cm	2.56	—	4.3	—		5.42
氧化塘东 300m	0 ~ 20cm	—		2.59	—		2.58
	20 ~ 40cm	—		3.59	—		8.02
	40 ~ 60cm	—		1.95	—		4.12
	60 ~ 80cm	—		1.89	—		3.46
氧化塘东 500m	0 ~ 20cm	—		2.63	—		6.00
	20 ~ 40cm	—		2.07	—		10.06
	40 ~ 60cm	—		6.85	—		17.88
	60 ~ 80cm	—		6.26	—		7.31
氧化塘东 850m	0 ~ 20cm	—		2.55	—		7.82
	20 ~ 40cm	—		2.69	—		5.34
	40 ~ 60cm	—		2.33	—		5.02
	60 ~ 80cm	—		1.85	—		4.80

　　对表 5 – 4 – 5 中的表层土（0 ~ 20 cm）氯化物一项进行分析，分析结果见图 5 – 4 – 1。

　　由表 5 – 4 – 5、图 5 – 4 – 1 可以看出：灰场氧化塘运行以后，在坝外 100 ~ 200m 处，西面、北面的土壤中氯化物含量均有所下降，东面深度为 0.6m 以上的土壤中氯化物含量有所下降、0.6m以下土壤中氯化物含量有所增加。由于这些土壤本身就是盐碱化土壤，其氯化物含量的空间变化较大，因此，还不能说明土壤盐渍化加重。

从以上分析来看，灰场氧化塘工程运行后，灰场周围土壤中氯化物含量有些下降，土壤盐渍化程度有所缓解。究其原因，主要有三个：一是因为在电厂二期施工时，围坝采取了复合土工布防渗、灰场氧化塘周围设置截渗沟，由围坝、集水沟、截渗沟等组成的防渗体系防渗效果总体良好，有效地减缓了盐渍化程度；二是由于灰场水的渗漏增加了地下水量，使土壤中的盐分由溶蚀的趋势，带走了土壤中的盐分；三是由于在电厂工程施工过程中，灰场中的粉煤灰大量地进行了利用，致使灰场中贮灰迅速减少，灰场氧化塘水位急剧降低，减少了压差，降低了水的下渗、扩散迁移速率。总体来说，由于灰场氧化塘采取的防渗体系效果良好，灰场氧化塘周围的土壤盐渍化状况有所减轻。

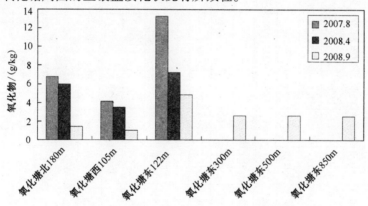

图5-4-1　氧化塘周围土壤中氯化物变化情况

2. 对周围土壤环境质量影响

通过对土壤现场采样分析结果(见表5-4-6)与土壤环境质量相关的指标分析，可以看出：

① 项目周围土壤环境符合《土壤环境质量标准》(GB 15618—1995)三级标准(见表5-4-7)。

② 工程运行后周围土壤环境质量中总砷的含量逐渐降低(见图5-4-2)。

③ 随着含盐量的降低，土地肥力有所上升，土壤中有机质含量呈上升趋势。

3. 土壤盐渍化结论

由于灰场氧化塘采取了良好的防渗体系，所以，工程运行对周围土壤环境质量没有影响，有助于减轻当地土壤的盐渍化程度。

表 5 - 4 - 6　工程所在地周围土壤质量变化情况

氧化塘北面180m处土壤剖面

剖面深度/m	0~0.2		0.2~0.4			0.4~0.6			0.6~0.8		
采样时间	2007.8	2008.9	2007.8	2008.4	2008.9	2007.8	2008.4	2008.9	2007.8	2008.4	2008.9
腐蚀性	8.02	7.49	8.61	8.22	8.03	8.41	8.29	7.80	9.11	8.21	—
有机质/%	0.726	12.83	0.244	—	6.93	0.183	—	7.51	0.157	—	6.70
矿物油/(g/kg)	0.12	未检出	未检出	—	未检出	未检出	—	未检出	未检出	—	未检出
总砷/(μg/kg)	488	198	346	119	102	288	143	—	228	288	未检出

氧化塘西面105m处土壤剖面

剖面深度/m	0~0.2		0.2~0.4		0.4~0.6		
采样时间	2007.8	2008.9	2007.8	2008.9	2007.8	2008.4	2008.9
腐蚀性	—	8.53	—	8.99	—	8.98	9.11
总有机质/%	0.779	5.74	0.379	4.84	0.410	—	5.90
矿物油/(g/kg)	未检出	未检出	未检出	未检出	未检出	—	未检出
总砷/(μg/kg)	304	226	260	161	284	77	138

氧化塘东面300m处土壤剖面

剖面深度/m	0~0.2	0.2~0.4	0.4~0.6	0.6~0.8
采样时间	2008.9	2008.9	2008.9	2008.9
腐蚀性	8.33	8.80	8.41	8.30
总有机质/%	29.64	11.79	7.14	15.83
矿物油/(g/kg)	未检出	未检出	未检出	未检出
总砷/(μg/kg)	304	226	195	442

氧化塘东面500m处土壤剖面

剖面深度/m	0~0.2	0.2~0.4	0.4~0.6	0.6~0.8
采样时间	2008.9	2008.9	2008.9	2008.9
腐蚀性	8.81	8.00	8.40	8.53
总有机质/%	9.42	9.00	12.30	8.94
矿物油/(g/kg)	未检出	未检出	未检出	未检出
总砷/(μg/kg)	245	158	158	245

氧化塘东面850m处土壤剖面

剖面深度/m	0.2~0.4	0.4~0.6	0.6~0.8
采样时间	2008.9	2008.9	2008.9
腐蚀性	8.71	8.71	8.89
总有机质/%	7.03	10.18	6.50
矿物油/(g/kg)	未检出	未检出	未检出
总砷/(μg/kg)	110	214	214

氧化塘东面122m处土壤剖面

剖面深度/m	0~0.2		0.2~0.4			0.4~0.6		0.6~0.8	
采样时间	2008.4	2008.9	2007.8	2008.4	2008.9	2007.8	2008.9	2007.8	2008.9
腐蚀性	9.11	7.90	—	9.58	8.30	—	8.20	—	9.21
总有机质/%	—	12.53	0.485	—	5.92	0.312	6.94	1.13	—
矿物油/(g/kg)	—	未检出	—	—	—	未检出	未检出	未检出	未检出
总砷/(μg/kg)	194	未检出	244	153	121	262	272	272	178

表 5-4-7 土壤环境质量标准值 单位：mg/kg

级别 pH 项目			一级	二级			三级
			自然背景	<6.5	6.5~7.5	>7.5	>6.5
镉		≤	0.20	0.30	0.30	0.60	1.0
汞		≤	0.15	0.30	0.50	1.0	1.5
砷	水田	≤	15	30	25	20	30
	旱地	≤	15	40	30	25	40
铜	农田等	≤	35	50	100	100	400
	果园	≤		150	200	200	400
铅		≤	35	250	300	350	400
铬	水田	≤	90	250	300	350	500
	旱地	≤	90	150	200	250	300
锌		≤	100	200	250	300	500
镍		≤	40	40	50	60	200
六六六		≤	0.05	0.50			1.0
滴滴涕		≤	0.05	0.50			1.0

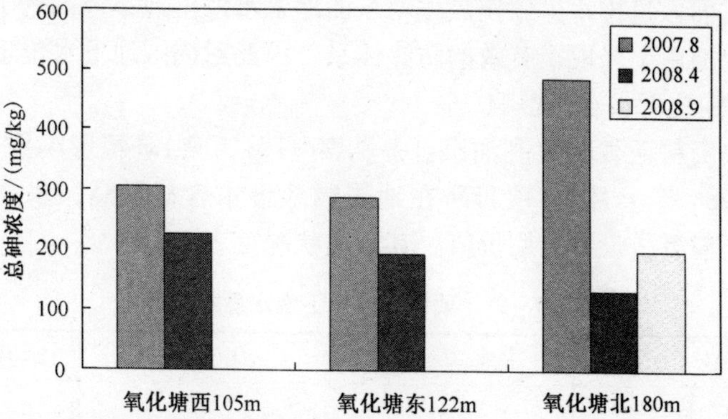

图 5-4-2 氧化塘周围土壤中总砷变化情况

三、对周围地下水环境影响研究

（1）对周围地下水水位影响

根据资料显示（《东营市土壤》，东营市土壤肥料工作站编制，1987 年），该地区的地下水水位的本底值在 0.91~1.42m 之间。该地区地下水水位随季节的变化规律是：一月份在上年秋季的基础上，潜水仍缓慢下降；2 月至 3 月随着气温升高，蒸发加强，潜水下降速度加快，4 月份以后，灌区春灌，潜水位上升较稳定；5 月下旬至 6 月，由于地面强烈蒸发失水，潜水位又迅速下降，进入一年中的第二次枯水期；7 月初，进入雨季，至 9 月中下旬，潜水位达到一年中的最高位，此期因降水淋溶，潜水被淡化，潜水位虽高，但对返盐威胁不大；9 月份以后，潜水又进入下降阶段。一般年份，潜水埋深变幅在 1.2 ~ 1.5m 之间。

灰场氧化塘周围地下水水位变化情况见表 5 - 4 - 8。

表 5 - 4 - 8　灰场氧化塘周围地下水水位变化情况

时间	点位	氧化塘北 180m	氧化塘西 105m	氧化塘东 122m	氧化塘东 300m	氧化塘东 500m	氧化塘东 850m
水位/ m	本底值	0.91 ~ 1.42					
	2007.8	1.40	1.35	1.35	—	—	—
	2008.4	1.10	1.10	1.30	—	—	—
	2008.9	—	1.30	1.20	1.5	>1.8	>1.8

注：2008 年 9 月采样前 3 天连续下了一周雨。

由表 5 - 4 - 8 可以看出：与该地区的本底值(0.91 ~ 1.42m)相比，灰场氧化塘周围地下水位没有明显变化，均在此范围内进行变动。由于电厂二期工程施工过程中向其东面大量排水，致使氧化塘东面地下水位出现小范围的上升。总体来说，灰场氧化塘由于采取了有效的防渗体系，因此对周围地下水位影响不大。

(2)对周围地下水水质影响

根据有关资料记载[《胜利油田自备燃煤电厂(万泉)环境影响报告书》，山东海洋学院，1988 年 1 月]，项目所在地周围地下水含盐量高，水质差，不宜饮用，也不适于灌溉，没有实用价值。其水质状况见表 5 - 4 - 9。

表 5 - 4 - 9　项目周围地下水水质本底情况

点位编号	厂址东 10km 处 02	厂址 06	灰场西南 07
pH	7.44	—	7.60
含盐量/(mg/L)	63740	5567	5450
石油类/(mg/L)	0.063	0.022	0.024
氯离子/(mg/L)	37200	2840	2700

灰场氧化塘周围地下水质变化情况见表 5 - 4 - 10。

由表 5 - 4 - 10 可以看出：工程运行对其周围地下水水质有一定影响。总体看来：对地下水上游(现场西北方)区域水质无显著影响；但对现场地下水下游区域有一定影响，地下水氯化物和全盐量及地下水位都有增加。

表 5 - 4 - 10   项目周围地下水水质变化情况

采样点	氧化塘东面 122m			氧化塘西面 105m				氧化塘北面 180m		
采样时间	2007.8	2008.4	2008.10	2007.8	2008.4	2008.9	2008.10	2007.8	2008.4	2008.10
pH	7.92	7.21	7.50	7.47	6.50	7.49	7.98	7.41	6.32	6.69
氯化物/(mg/L)	2041	2692	3108	2661	5797	3640	1481	6845	5722	9583
氨氮/(mg/L)	未检出	未检出	—	未检出	未检出	—	未检出	0.078	未检出	—
总磷/(mg/L)	0.227	0.199	1.08	0.120	0.193	0.105	0.027	2.23	0.106	0.039
石油类/(mg/L)	未检出	0.566	未检出	未检出	0.507	未检出	0.730	未检出	0.127	未检出
总碱度/(mg/L)	610.2	606.9		721.4	595.3	—	—	413.8	563.5	—
总砷/(μg/L)	0.042	0.682	0.390	0.017	0.753	0.214	未检出	0.038	0.713	0.731
氟化物/(mg/L)	1.2	1.60	0.560	0.8	1.60	0.989	0.182	0.4	1.40	0.135
全盐量/(mg/L)	4967	4122	4102	6590	11475	6683	6326	15499	—	21642
总汞/(μg/L)			0.216		0.008	未检出				0.004

四、对周围地表水环境影响研究

灰场氧化塘周围地表水水质变化情况见表 5 - 4 - 11。

由表 5 - 4 - 11 可以看出：工程运行以来，工程所在地周围地表水水质情况没有较大改变，就部分指标来说，水质有好转的迹象。比如对 pH 值这个指标来说：从 2007 年 8 月的监测结果来看，广蒲沟水质的 pH 值呈微碱性(8.71)，在灰场氧化塘的处理水进入后，广蒲沟的 pH 值开始降低，到下游 3km 时已降至 7.80，已趋于中性；从 2003 年 4 月的监测结果来看，广蒲沟上、中、下游的 pH 值均在 7.2 ~ 7.92 之间，变化不大，均符合地表水水质要求。对氨氮来说，2007 年 8 月与 2008 年 4 月的监测结果中，广蒲沟上游的氨氮值差不多(分别为 0.743mg/L、0.778mg/L)，但在灰场氧化塘处理后的水汇入后，广蒲沟中、下游的氨氮出现较大差别。在 2007 年 8 月的监测结果中，由于沿途有大量工业污水排入致使广蒲沟中、下游的氨氮分别为 4.05mg/L、1.60mg/L，均较上游的浓度有大幅度的增加，且均超过国家标准；而在 2008 年 4 月的监测结果中，广蒲沟中、下游的氨氮只有 0.581mg/L、0.223mg/L，较上游数值有不同程度的降低。这在一定程度上说明了氧化塘运行了一段时间后，处理效果良好。

综上所述，工程运行对其所在地周围的地表水影响不大。

表5－4－11　工程所在地周围地表水水质变化情况

采样点	广蒲沟上游			广蒲沟中游			广蒲沟中下游			氧化塘北面截渗沟	氧化塘东面截渗沟
采样时间	2007.8	2008.4	2008.9	2007.8	2008.4	2008.9	2007.8	2008.4	2008.9	2007.8	2008.4
pH	8.71	7.25	7.67	8.37	7.91	7.83	7.80	7.92	7.83	8.31	7.99
悬浮物/（mg/L）	26	17	8	5	23	10	29	5	18	28	13
氯化物/（mg/L）	2066	2976	4933	1526	2137	7541	2008	1989	7277	4271	1827
挥发酚/（mg/L）	0.033	0.004	未检出	0.009	0.006	0.046	0.004	0.011	0.053	未检出	0.003
氨氮/（mg/L）	0.740	0.778	2.80	4.05	0.581	14.6	1.60	0.233	15.2	2.06	0.025
总氮/（mg/L）	1.49	3.27	3.70	4.36	4.62	20.0	3.05	4.40	23.5	4.07	4.14
总磷/（mg/L）	1.80	0.307	0.089	0.591	0.641	0.326	0.240	0.581	0.368	1.32	0.712
石油类/（mg/L）	未检出	0.114	未检出	0.226	未检出	1.15	0.172	未检出	未检出	未检出	0.138
硫化物/（mg/L）	未检出	未检出	未检出	未检出	0.012	未检出	未检出	0.026	未检出	未检出	未检出
总砷/（μg/L）	0.009	12.8	未检出	0.027	9.42	未检出	0.030	61.9	未检出	0.051	7.34
氟化物/（mg/L）	1.2	1.60	0.828	1.2	1.70	1.10	1.6	1.60	1.18	2.0	1.70
全盐量/（mg/L）	6310	6402	8068	4836	—	12372	4103	—	12798	—	4058

五、结论

通过开展的粉煤灰吸附处理采油污水的试验研究结果，对现河灰场污水处理场的工艺进行改造，对灰水比、混合时间、搅拌条件等工艺参数进行了优化，并实施了工程改造，改造后的工程处理负荷由 10000m³/d 提高到 22000m³/d。改造后近一年的工程运行结果表明，经改造后的工程运行良好，出水水质能够稳定达到《山东省半岛流域水污染物综合排放标准》的要求。

通过本工程运行后对周围环境的影响研究，可以得到：由于采取了复合土工布等防渗措施，因此工程运行在一定程度上减轻了当地土壤的盐渍化状况；工程运行对其周围地下水有一定影响；工程运行对其周围地表水环境影响不大。

参 考 文 献

[1] Yamamoto K, HiasaM, Mahmood T, MatsuoT. Direct solid liquid separation using hollow fiber membrane in an actived sludge aeration tank[J]. Sci. Tech. 1989. 21: 43 – 54.

[2] Reis J. C. Overview of the environmental issues facing the upstream petroleum industry[J]. SPE Annual Technical Conforenee and Exhibition, 1993, SPE 26336: 57 – 61.

[3] Walling C. , et al. The ferric ion catalyzed decomposition of hydrogen peroxide in perchloric acid solution [J]. InL J. Chem. Kim, 1974, 6: 507 – 512.

[4] Eisenhauer H. R. J. Chemical removal of ABC from wastewater effluents[J]. Journal WPCF, 1965, 37: 1567 – 1571.

[5] Yang Min, Gao Yingxin. Treatment of oilfield wastewater with Successive treatment of coagulation and Fenton's process. IW A 3rd Conference on Oxidation Technologies for Water and Wastewater Treatment [J]. Germany: 2003.

[6] Lawrence A. W, Miller J. A. , Miller D. L. , et al. Regional assessment of produced water treatment and disposal practices and research needs[J]. SPE/EPA Exploration & Production Environmental Conference, 1995, SPE 029729: 373 – 392.

[7] Ji G. D. , Sun T. H. , Zhou Q. X. , et al. Constructed subsurface flow wetland for treating heavy oil produced water of the Liaohe Oilfield in China [J]. Ecological Engineering, 2002, 18(4): 459 – 465.

[8] Murray Guide C. , Heatley J. E. , Karanfil T. , et al. Performance of a hybrid reverse osmosis-constructed wet land treatment system for brackish oil field produced water [J]. Water Research, 2003, 37(3): 705 – 713.

[9] Caswell P. C. , Gelb Dan, Marinello S. A. , et al. Component perform ance evaluation of constructed surface flow and wetlands cells for produced water treatment in the pitchfork field, Wyoming [J]. SPE Annual Technical Conforenee and Exhibition, 1992, SPE 24808: 435 – 444.

[10] De Leon N. , Camacho F. , Ceci N. , et al. Wetlands as evaporation and treatment system for produced water[J]. SPE Annual Technical Conforenee and Exhibition, 2000. 487 – 491.

[11] Yriex C, Gonzalez C, Deroux J M , Lacoste C, leybrosJ. Counter current Liquid/Liquid Extraction for Analysis of Organic Water – Pollutants by Gc/Ms[J]. Wat Res, 1996, 30(8): 1791 – 1800.

[12] Deroux J M, Gonzalez C, CIoirec P Le. Analysis of extractable organic compounds in water by gas chromatograpHy mass spectrometry: applications to surface water[J]. Talanta, 1996, 43: 365 – 380.

[13] Yamamoto K, Hiasa M. Mahmood T and Matsuo T. Direct solid – liquid separation using hollow fiber membrane in an actived sludge aeration tank[J]. Wat. Sci. Tech. 1989 21: 43 – 54.

[14] Zaidi , et al. Recent advances in the application of membrane technology for removal of oil and suspended solids from produced water [J]. Environmental Science and Research, 1992, 46 (produced water): 489 – 501.

［15］adian E. S, et al. Treating of produced water for surface discharge at the anlm gas condensate field ［J］. SPE Paper 28946, Presented at the SPE International Symposium on Oil field Chemistry, San Antonio Texas, 1995.

［16］Madian E. S, et al, Treating of produced water for surface discharge at the Arun Gas Condensate Field［J］. SPE paper 38799. Presented at the 1997 SPE Annual Technical Conference, San Antonio Texas, USA, 1997.

［17］李秀珍, 李斌莲, 于晓丽, 谢萍. 高含氯采油污水生物治理技术研究［J］. 油气田环境保护, 2002, 12(2): 17–19.

［18］董晓丹, 王恩德. 化学破乳絮凝与SBR二段法处理采油污水的试验研究［J］. 环境污染与防治, 2004, 26(1): 14–15.

［19］李艳红, 解庆林, 游少鸿, 王敦球, 张学洪. 高温高盐采油污水的生物处理［J］. 桂林工学院学报, 2006, 26(2): 234–238.

［20］Walling, C. Fenton's reagent revisited［J］. Acc. Chem. Res. 1975, 8: 125–131.

［21］Le ni, 0., Oliveros, E., Braun, A. M. Photochemical proeesses for water treatment ［J］. Chem. Rev., 1993, 93: 671–698.

［22］Walling, C., Kato, S. The oxidation of alcohols by Fenton'S Reagent the efect of copper ion ［J］. Am. Che m. Soc., 1971, 93: 4275–4281.

［23］Durham D K. Advances in water clarifier chemistry for treatment of produced water on Gulf of Mexico and North Sea offshore production facilities［J］. SPE 26008, 1993.

［24］Taylor K C, R A Burke. Development of a flow injection analysis method for the determination of acrylamide copolymers in brines［J］. Joumal of Petroleum Science and engineering, 1998, 21 (2): 129–139.

［25］Scoggins M W. Determination of water soluble polymers containing primary amide groups using the triiodide method ［J］. Society of petroleum enginearjournal, 1997, (6): 151–155.

［26］Taylor K C, Burke R A, Nasr–El–Din H A, et al. Development of a flow injection analysis method for the determination of acrylamide copolymers in brines［J］. Journal of Petroleum Science and Engineering, 1998, 21(2): 129–139.

［27］Yen–shin lai, Juo–chiun lin. New hybrid fuzzy controller for direct torque control induction motor drives［J］. IEEE Transactions on Power Electroncs, 2003, 18(5): 1211–1219.

［28］Martin T Hagan. Neural Network Design［M］. NewYork: PWS Publishing Company, 1996. 201–205, 230–233.

［29］Madian E S, et al. Treating of Produced Water for Surface Discharge at the Arun Gas Field［C］. The SPE International Symposium on Oilfield Chemistry, San Antonio Texas, USA, 1995.

［30］Campos, J. C. Borges, R. M. H. Oliveira A. M. Filho. Oilfield wastewater treatment by combined microfiltration and biological processes［J］. Water Research, 2002, (36): 95–104.

［31］邹克华, 隋峰, 曹明伟, 张圆, 唐运平. 高温优势菌生物膜法处理采油污水［J］. 城市环境与城市生态, 2002, 15(5): 32–33.

［32］杨二辉, 李大平, 赵长洪, 田崇民, 何晓红. 高温优势菌生物膜法处理含油污水的中试［J］.

环境工程，2004，22(3)：11 - 13.

[33] 崔俊华. 高效率原油降解菌和内循环 3 - PBFB 处理油田采出水的研究 [J]. 环境科学学报，2002，22(4)：465 - 468.

[34] 苏德林，王建龙，刘凯文，周定. ABR—BAF 工艺处理采油污水的中试研究[J]. 中国给水排水，2006，22(1)：22 - 26.

[35] 张华，陈俊，刘宇明，解庆林，游少鸿，张学洪. 高盐高氯采油污水处理工程实践[J]. 中国给水排水，2006，22(24)：71 - 73.

[36] 田慧颖，张兴文，张捍民，乔森，刘占广，冯久鸿. MBR—BAF 系统处理辽河油田采油污水的研究[J]. 膜科学与技术，2004，24(4)：48 - 51.

[37] 赵昕，汪严明，叶正芳，倪晋仁. 固定化曝气生物滤池处理采油污水[J]. 环境科学，2006，27(6)：1155 - 1161.

[38] Hussain A, Rochford D B. Enhancing Produced Water Quality in Kuwait Oil Company[C]. The 1997 SPE Annual Technical Conference, San Antonio Texas, USA, 1997.

[39] Hjelmas T A, et al. Produced Water Reinjection: Experiences from Performance Measurements on Ula in the North Sea[C]. The Intemational Conference on Health, Safety &Environment, New Orleans Louisana, USA, 1996.

[40] Koren A, Nadav N. Mechanical vapour compression to treat oil field produced water [J]. Desalination, 1994, 98(1 - 3)：41 - 48.

[41] AliSA, HenryLR, Darlington JW, et al. New filtration process cuts contaminants from offshore produced water[J]. Oil and Gas Journal, 1998, 96 (44)：73 - 78.

[42] Tellez G T, Nirmalakhandan N, Gardea Torresdey J L. Performance evaluation of an activated sludge system for removing petroleum hydrocarbons from oilfield produced water[J]. Advances in Environmental Research, 2002, 6(4)：455 - 470.

[43] Campos J C, Borges R M H, Oliveira Filho A M, et al. Oilfield wastewater treatment by combined microfiltration and biological process[J]. Water Research, 2002, 3(1)：95 - 104.

[44] Murray Gulde C, Heatley JE, KaranfilT, etal. Performance of a hybrid reverse osmosis - constructed wetland treatment system for brackish oil field produced water [J]. Water Research, 2003, 37(3)：705 - 713.

[45] Freire D D C, CammarotaM C. Biological treatment oil field wastewater in a sequencing batch reactor[J]. Environmental Technology, 2001, 22 (10)：1125 - 1135.

[46] Wang Jianlong, HuangYongheng. Performance and chaacteristics of an anaerobic baffled reactor[J]. Bioresource Technology, 2004, 93：205 - 208.

[47] Ali S, James R B, StepHen R C. Water Res, 1997, 31(4)：787 - 798.

[48] Zepp R G, Faust B C, Hoigne J. Environ Sci Technol, 1992, 26(2)：313 - 319.

[49] Safarzadeh - Amiri A, Bolton J R, Cater S R. Solar Energy, 1996, 56(5)：439 - 443.

[50] Arora M L, et al, Technology evaluation of sequencing batch reactors [J]. Journal WPCF, 1985, 57(8)：867.

[51] Reis J. C. Overview of the environmental issues facing the upstream petroleum industry. SPE An-

nual Technical Conference and Exhibition, 1993, SPE 26336: 57 – 61.

[52] Walling C., et al. The ferric ion catalyzed decomposition of hydrogen peroxide in perchloric acid solution · Int · J · Chem · Kim., 1974, 6: 507 – 512.

[53] 邓述波, 等. 油田采出水的特性及处理技术[J]. 工业水处理, 2000, 20(7): 10 – 12.

[54] 杜卫东, 陆晓华, 张士权, 范俊欣, 李斌莲. 采油污水 COD 处理设计和试验研究 [J]. 油气田环境保护, 2000, 10(1): 17 – 19.

[55] 竺建荣, 等. 厌–好氧交替工艺处理辽河油田污水的试验 [J]. 环境科学, 1999, 20(1): 62 – 20.

[56] 李安婕, 刘红, 王文燕, 全向春, 张单, 李宗良. 生物活性炭流化床净化采油污水的性能及特征[J]. 环境科学, 2006, 27(5): 918 – 923.

[57] 杨彦希, 尹萍. 一株高效脱酚菌芽糖假丝酵母 10 – 4 的研究[J]. 微生物学通报, 1995, 22(4): 208 – 211.

[58] 柯嘉康. 污水生物处理[J]. 生物学教学, 1990, 4: 1 – 12.

[59] 程林波, 张鸿涛. 污水中聚丙烯酰胺的生物降解试验研究初探[J]. 工程与技术, 2004 (1): 20 – 23.

[60] Lawrence A. W., Miller J. A., Miller D. L., et al. Regional assessment of produced water treatment and disposal practices and research needs [C]. SPE/EPA Exploration & Production Environmental Conference, 1995, SPE 029729: 373 – 392.

[61] Murray – Gulde C., Heatley J. E., Karanfil T., et al. Performance of a hybrid reverse osmosis – constructed wetland treatment system for brackish oil field produced water. Water Research, 2003, 37(3): 705 – 713.

[62] Amann RI, Ludwig W, Schleifer K H. Phylogenetic identification and in situ detection of individual microbial cells without cultivation. Microbiol Rev., 1995, 59(1): 143 – 169.

[63] 籍国东, 孙铁珩, 常士俊, 等. 自由表面流人工湿地处理超稠油污水[J]. 环境科学, 2001, 22(4): 95 – 99.

[64] 李发永, 李阳初, 蒋成新. 超滤法处理低渗透油田回注污水的应用研究[J]. 油气田环境保护, 1995, (03): 7 – 11.

[65] 王生春, 刘国华. 聚丙烯中空纤维微孔滤膜在油田含油污水处理中的应用[J]. 膜科学与技术, 1998, (02): 28 – 32.

[66] 王怀林, 王亿川, 蒋建胜. 陶瓷微滤膜用于油田采出水处理的研究[J]. 膜科学与技术, 1998, 18(2): 59 – 64.

[67] 樊栓狮, 王金渠. 无机膜处理含油污水[J]. 大连理工大学学报, 2000, (01): 61 – 63.

[68] 张裕卿, 张裕媛. 用于含油污水处理的复合膜研制 [J]. 中国给水排水, 2004, (04): 58 – 60.

[69] 杨云霞, 张晓健. 我国主要油田污水处理技术现状及问题[J]. 油气田地面工程, 2001, 20(1): 4 ~ 5.

[70] 陶丽英, 王文海, 刘梅英, 苏永渤. 化学絮凝法处理采油污水的研究[J]. 环境保护科学, 2004, 30(122): 13 – 15.

[71]谢加才，王正江．稠油污水处理中高效净水剂的研究与应用[J]．工业水处理，2001，21
　　（11）：17 – 21．

[72]汪严明，赵昕，徐丽娜，倪晋仁．Fenton 氧化与生化组合技术处理油田采油污水的研究
　　[J]．环境污染治理技术与设备，2004，5（11）：74 – 78．

[73]仝坤，王琦．Fenton 试剂降低采油污水 COD 的研究与应用[J]．特种油气藏，2006，13
　　（2）．

[74]刘金库，王健，鲁红生，李培武．光助 Fenton 氧化 – 混凝法联合处理含聚合物油田污水
　　技术[J]．精细石油化工进展，2005，6（4）：4 – 6．

[75]王连生．负载活性炭催化氧化处理有机污水技术简介 [J]．天津化工，2006，20（2）：
　　60 – 61．

[76]王蓉沙，等．电絮凝法处理油田污水[J]．环境科学研究，1999，12（4）：30 – 32．

[77]韩洪军．含油污水电解气浮的理论和试验[J]．环境工程，1992，11（6）：7 – 11．

[78]董晓丹，王晨煜，王丹丽，王恩德．新型破乳剂用于采油污水处理的试验研究[J]．工业
　　水处理，2002，22（10）．

[79]朱步瑶，赵振国．界面化学基础[M]．北京：化学工业出版社，1996．

[80]赵国玺．表面活性剂物理化学 [M]．北京：北京大学出版社，1991.66 – 74．

[81]JAMES. W. McBain, C. W. Humpreys. The microtome method of the determination of the abso-
　　lute amount of adsorption [J]. The Journal of Physical Chemistry. 1932, 36: 300 – 312.

[82]Gö sta Nilsson. The adsorption of tritiated sodium dodecyl sulfate at the solutions surface meas-
　　ured with a windowless, high humidith gas, flow proportional counter [J]. The Journal of Physi-
　　cal Chemistry. 1957, 61（9）: 1135 – 1142.

[83]S. D. Forrester, C. H. Giles. One hundred years of solute – solvent adsorption isotherm studies [J].
　　Chemistry & Industry, 1972, 8: 318 – 325.

[84]宋世谟，王正烈，李文斌．物理化学（下册）[M]．北京：高等教育出版社，2000．

[85]张自杰，林荣忱，金儒霖．排水工程（下册）[M]．北京：中国建筑工业出版社，1996．

[86]Irving Langmuir. The constitution and fundamental properties of solids and liquids. [J] The Jour-
　　nal of the American Chemical Society, 1916, 38（1）: 2221 – 2295.

[87]Irving Langmuir. The adsorption of gases on plane surfaces of glass, mica and platinum. [J]The
　　Journal of the American Chemical Society, 1918, 40（7）: 1361 – 1403.

[88]许保玖．给水处理理论[M]．北京：中国建筑工业出版社，2000．

[89]韩东，沈平平．表面活性剂驱油原理及应用 [M]．北京：石油工业出版社，2001．

[90]F. Z. Saleeb, J. A. Kitchener. The effect of graphitization on the adsorption of surfactants by car-
　　bon blacks [J]. Journal of Chemical Society, 1965, 911 – 917

[91]C. J. Radke, J. M. Prausnitz. Thermodynamics of multi – solute adsorption from dilute liquid solu-
　　tions. [J] A. I. Ch. E. Journal, 1972, 18（4）: 761 – 768

[92]E. H. 卢开森 – 闰德斯．阳离子表面活性剂表面活性剂作用的物理化学[M]．北京：轻工
　　业出版社，1988．

[93]傅鹰．化学热力学导论[M]．北京：科学出版社，1963．

[94]沈学优，马战宇，陈平，竺立峰，方婧．表面活性剂对极性有机物在沉积物上吸附的影响[J]．环境科学，2003，24(5)：131－135

[95]魏宏斌，郭藏生，徐建伟．阴、阳离子表面活性剂在矿物黏土表面的混合吸附[J]．同济大学学报，1996，24(3)：269－274

[96]北原文雄，玉井康腾，早野茂夫，原一郎．表面活性剂[M]．北京：化学工业出版社，1991.

[97]承德华通环保仪器厂．污水COD速测仪使用说明书．4－5.

[98]许保玖，龙腾锐．当代给水与污水处理原理[M]．北京：高等教育出版社，2000.122.

[99]杨承志．化学驱油过程中表面活性剂损失的机理及抑制途径[J]．油田化学，1985，2(1)：9－20.

[100]段世铎，谭逸玲．界面化学[M]．北京：高等教育出版社，1990.

[101]C. H. Giles, T. H. MacEwan, S. N. Nakhwa, D. Smith. A system of classification of solution adsorption isotherms and its use in diagnosis adsorption mechanisms and in measurement of specific surface area of solids [J]. Journal of The Chemical Society. 1960, (10): 3973－3993.

[102]C. H. Giles, R. B. McKay, W. Good. Complex－formation between a variety of organic solutes in carbon tetrachloride [J]. Journal of The Chemical Society. 1961, (12): 5434－5438.

[103]《化学工程手册》编辑委员会．化学工程手册[M]．北京：化学工业出版社，1982.